영재학급, … 를 위한

창의사고력 초등 수학 팩토

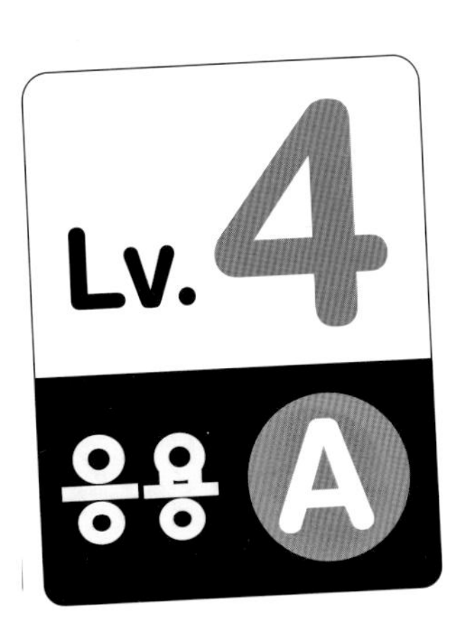

개념과 원리의 탄탄한 이해를
바탕으로 한 사고력만이
진짜 실력입니다.

이 책의 구성과 특징

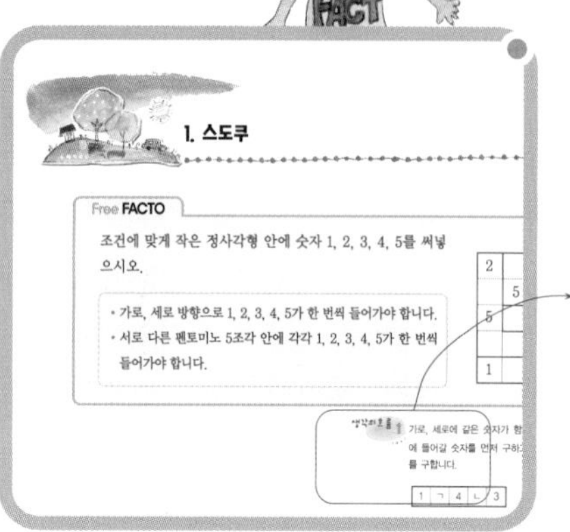

Free FACTO

창의사고력 수학 각 테마별
대표적인 주제 6개가 소개됩니다.
생각의 흐름을 따라 해 보세요!
해결의 실마리가 보입니다.

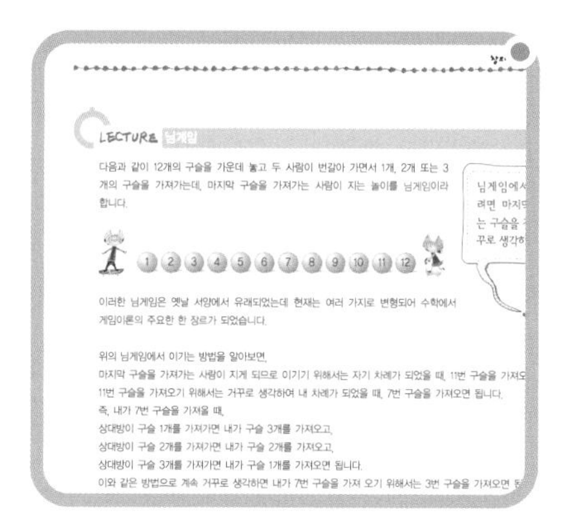

Lecture

문제를 해결하는 데 필요한
개념과 원리가 소개됩니다.
역사적인 배경,
수학자들의 재미있는 이야기로
수학에 대한 흥미가 송송!

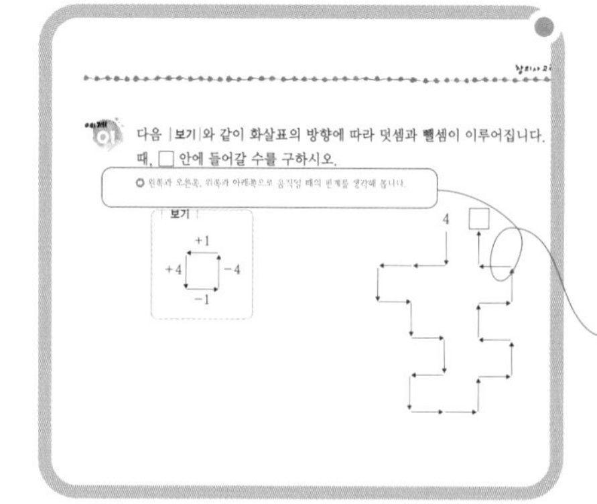

Active FACTO

자! 그럼 예제를 풀어 볼까?
자신감을 가지고 앞에서 살펴본
유형의 문제를 해결해 봅시다.
힘을 내요!
힘을 실어 주는 화살표가 있어요.

Creative FACTO

세 가지 테마가 끝날 때마다
응용 문제를 통한 한 단계 Upgrade!
탄탄한 기본기로 창의력을 발휘해요.

Key Point
해결의 실마리가 숨어 있어요.

Thinking FACTO

각 영역별 6개 주제를 모두 공부했다면
도전하세요!
창의적인 생각이 문제해결 능력으로
완성됩니다.

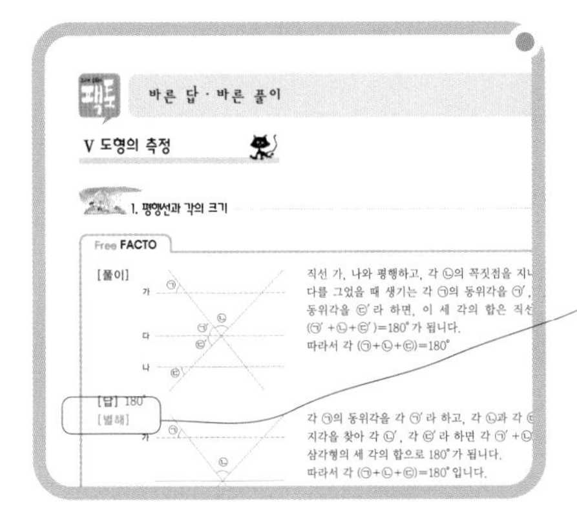

바른 답 · 바른 풀이

바른 답 · 바른 풀이와 함께
논리적으로 정리해요.

다양한 생각도 있답니다.

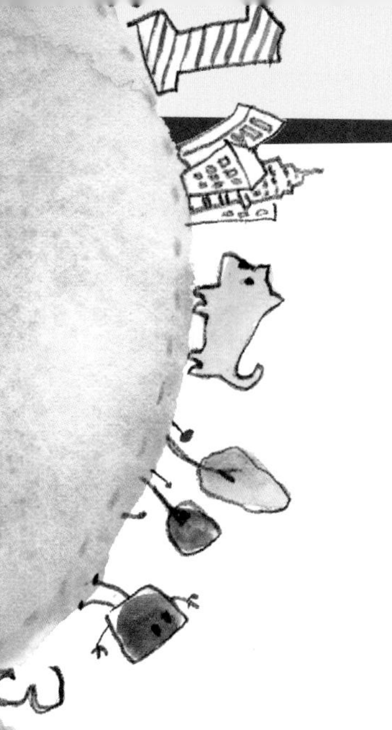

이 책의 차례

Ⅰ. 연산감각

Ⅱ. 퍼즐과 게임

FACT
O

머리말

서로 다른 펜토미노 조각 퍼즐을 맞추어 직사각형 모양을 만들어 본 경험이 있는지요?

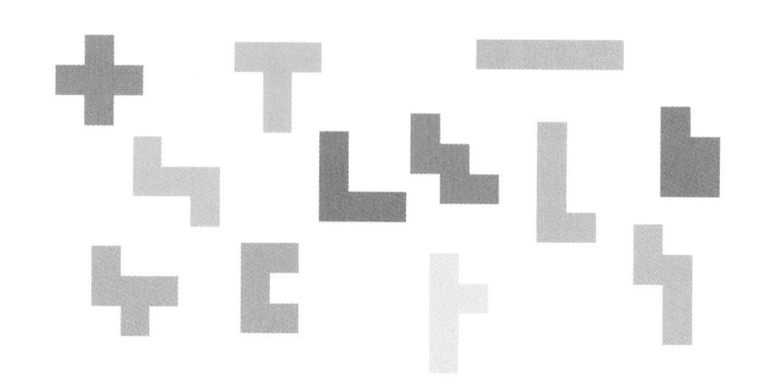

한참을 고민하여 스스로 완성한 후 느끼는 행복은 꼭 말로 표현하지 않아도 알겠지요. 퍼즐 놀이를 했을 뿐인데, 여러분은 펜토미노 12조각을 어느 사이에 모두 외워버리게 된답니다. 또 보도블록을 보면서 조각 맞추기를 하고, 화장실 바닥과 벽면의 조각들을 보면서 멋진 퍼즐을 스스로 만들기도 한답니다.
이 과정에서 공간에 대한 감각과 또 다른 퍼즐 문제, 도형 맞추기, 도형 나누기에 대한 자신감도 생기게 되지요. 완성했다는 행복감보다 더 큰 자신감과 수학에 대한 흥미가 생기게 되는 것입니다.

팩토가 만드는 창의사고력 수학은 바로 이런 것입니다.

수학 문제를 한 문제 풀었을 뿐인데, 그 결과는 기대 이상으로 여러분을 행복하게 해줍니다. 학교에서도 친구들과 다른 멋진 방법으로 문제를 해결할 수 있고, 중학생이 되어서는 더 큰 꿈을 이루는 밑거름이 되어 줄 것입니다.
물론 고민하고, 시행착오를 반복하는 것은 퍼즐을 맞추는 것과 같이 여러분들의 몫입니다. 팩토는 여러분에게 생각할 수 있는 기회를 주고, 그 과정에서 포기하지 않도록 여러분들을 도와주는 친구일 뿐입니다. 자 그럼 시작해 볼까요?
팩토와 함께 초등학교에서 배우는 기본을 바탕으로 창의사고력 10개 테마의 180주제를 모두 여러분의 것으로 만들어 보세요.

I 연산감각

1. 간단하게 계산하기

Free FACTO

다음을 간단히 계산하시오.

$$2990 \times 2991 - 2989 \times 2990$$

생각의 흐름 식을 잘 살펴보면 2990개짜리 묶음 2991개에서 2990개짜리 묶음 2989개를 뺀 것입니다.
따라서 남는 것은 2990개짜리 2묶음입니다.

LECTURE 간단하게 계산하기

연필 38타는 40타에서 2타를 빼면 됩니다.
연필 40타는 40×12=480(자루)이고
연필 2타는 2×12=24(자루)입니다.
따라서 연필 38타는 480−24=456(자루)입니다.
이를 식으로 나타내면

$$\begin{array}{rl} & 40 \times 12 = 480 \\ -) & 2 \times 12 = \ \ 24 \\ \hline & 38 \times 12 = 456\ (480-24) \end{array}$$

이렇게 생각하면 복잡한 곱셈도 간단하게 계산할 수 있습니다.
698×7은 7개짜리 700묶음에서 2묶음을 빼면 되므로

$$\begin{aligned} 698 \times 7 &= (700 \times 7) - (2 \times 7) \\ &= 4900 - 14 = 4886 \end{aligned}$$

입니다.

698×7은 7개짜리 700묶음에서 2묶음을 빼라는 것과 같아.
그래서 4900에서 14를 빼면 되지!

다음은 47×56과 46×57의 크기를 비교하는 방법입니다. □ 안에 알맞은 수를 써넣으시오.

$5\times4=5\times3+\boxed{5}$, $6\times3=5\times3+\boxed{3}$입니다. 따라서 5×4가 6×3보다 2만큼 큽니다.

$47\times56=(46\times56)+\square$
$46\times57=(46\times56)+\square$
따라서 47×56이 46×57보다 □ 더 큽니다.

다음을 간단히 계산하시오.

$3+15=18$, $4+14=18$, $5+13=18$, …

$$(3+4+5+6+7+8+9+10+11+12+13+14+15)\div9$$

2. 수 배열표에서 수의 합

Free FACTO

오른쪽 달력의 칠해진 직사각형 안에 있는 9개의 수를 모두 더하면 81입니다. 이와 같은 모양으로 9개의 수를 더할 때 그 합이 198이라면 9개의 수 중 가장 작은 수는 얼마입니까?

월	화	수	목	금	토	일
	1	2	3	4	5	6
7	8	9	10	11	12	13
14	15	16	17	18	19	20
21	22	23	24	25	26	27
28	29	30	31			

생각의 흐름

1 9개의 수 중에서 가운데 수를 □라 하여 9개의 수의 합을 □를 사용한 식으로 나타냅니다.

2 9개의 수의 합이 198이므로 식을 세워 가운데 수를 구합니다.

3 가장 작은 수를 구합니다.

LECTURE 수 배열표에서 수의 합 구하기

칠해진 수의 합을 여러 가지 방법으로 구해 보면

1	2	3	4	5	6	7
8	9	10	11	12	13	14
15	16	17	18	19	20	21
22	23	24	25	26	27	28

① 9개의 수를 모두 더합니다.

$2+3+4+9+10+11+16+17+18=90$

② 가로로 세 수씩 보면 세 수의 합은 가운데 수의 3배와 같으므로

$(3\times3)+(10\times3)+(17\times3)=90$

③ 세로로 세 수씩 보면 세 수의 합은 가운데 수의 3배와 같으므로

$(9\times3)+(10\times3)+(11\times3)=90$

④ 9개 수의 합은 가운데 수의 9배와 같으므로

$10\times9=90$

수 배열표에서 정사각형 모양의 9개 수의 합은 (가운데 수)×9와 같아. 그럼 9개 수의 합이 90이면 가운데 수는 90을 9로 나누면 90÷9=10이 되겠네.

다음 수 배열표에서 칠해진 칸의 세 수를 더하면 27입니다. 같은 모양(↘ 방향)으로 놓인 세 수의 합이 144일 때, 세 수 중 가장 작은 수는 얼마입니까?

가장 작은 수를 □라 하여 세 수의 합을 □를 사용한 식으로 나타내면 □+(□+8)+(□+16)=144입니다.

1	2	3	4	5	6	7
8	9	10	11	12	13	14
15	16	17	18	19	20	21
22	23	24	25	26	27	28
29	30	31	32	33	34	35
⋮	⋮	⋮	⋮	⋮	⋮	⋮

연속된 네 수 5, 6, 7, 8의 합은 5+6+7+8=26입니다. 따라서 26은 연속된 네 수의 합으로 나타낼 수 있는 수입니다. 50부터 100까지의 수 중 연속된 네 수의 합으로 나타낼 수 있는 수는 모두 몇 개입니까?

연속된 네 수 중 가장 작은 수를 □라 하면 연속된 네 수의 합은 □+(□+1)+(□+2)+(□+3)입니다.

3. 만든 수의 합

Free FACTO

다섯 개의 수 1, 2, 4, 8, 16에서 서로 다른 두 수를 더하여 새로운 수를 만들 때, 만든 새로운 수를 모두 더하면 얼마입니까?

생각의 흐름

1 서로 다른 두 수를 더하여 만들 수 있는 수를 모두 구합니다.

2 1에서 구한 수를 모두 더합니다.

LECTURE 두 수를 더해서 만든 수의 합

1, 2, 4, 8, 16 다섯 개의 수에서 서로 다른 두 수를 골라 그 두 수의 합을 구하면

$1+2=3$, $1+4=5$, $1+8=9$, $1+16=17$,

$2+4=6$, $2+8=10$, $2+16=18$,

$4+8=12$, $4+16=20$, $8+16=24$

이므로 10개의 새로운 수를 구할 수 있고, 이 10개의 수를 더하면 됩니다.

그런데 두 수를 더할 때, 각각의 수는 다른 나머지 네 수와 각각 한 번씩 더하게 됩니다. 따라서 각 수는 네 번씩 더하여 새로운 수를 만들게 되므로 새로운 수의 합은 다섯 개의 수를 네 번씩 더한 것과 같습니다.

따라서 만든 모든 수의 합은

$(1+2+4+8+16)\times4=124$

입니다. 훨씬 더 간편한 방법입니다.

각각의 수는 4번씩 다른 수와 더하니까 각각의 수를 더한 후 4배하면 간단히 풀 수 있는 걸!

다음 다섯 장의 수 카드에 쓰인 두 수를 더하여 새로운 수를 만듭니다. 만든 새로운 수를 모두 더하면 얼마입니까?

각 숫자 카드에 쓰인 수가 몇 번씩 더해지는지 알아봅니다.

다음 숫자 카드 중에서 서로 다른 두 장을 뽑아 두 자리 수를 만들 때, 만들 수 있는 모든 수들의 합은 얼마입니까?

각 숫자가 십의 자리와 일의 자리에 몇 번씩 쓰이는지 생각해 봅니다.

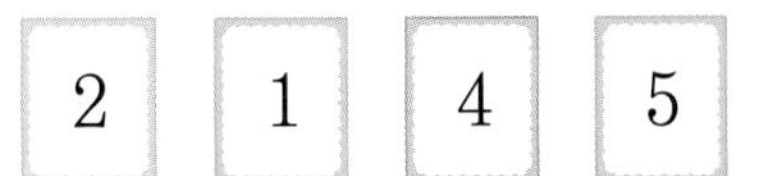

다음을 간단히 계산하시오.

$$9+99+999+9999+99999$$

Key Point

$9+99+999+9999+99999$
$=(10-1)+(100-1)+(1000-1)$
$+(10000-1)+(100000-1)$

다음 달력에서 가로 2칸, 세로 2칸인 정사각형 모양으로 묶은 4개의 수의 합이 24입니다. 같은 방법으로 묶은 4개의 수의 합이 92일 때, 가장 작은 수는 얼마입니

월	화	수	목	금	토	일
1	2	3	4	5	6	7
8	9	10	11	12	13	14
15	16	17	18	19	20	21
22	23	24	25	26	27	28
29	30	31				

Key Point

묶은 4개의 수 중에서 가장 작은 수를 □라고 하면 네 수의 합은 □+(□+1)+(□+7)+(□+8)=4×□+16입니다.

3, 4, 5, 6, 7은 연속하는 5개의 수이고, 그 합은 3+4+5+6+7=25입니다. 이와 같이 105를 5개의 연속하는 수의 합으로 나타낼 때 가장 큰 수는 얼마입니까?

Key Point
가운데 수를 □라 하면 연속한 5개의 수의 합은 □×5입니다.

다음을 간단히 계산하시오.

$33333 \times 33334 + 33333 \times 66666$

Key Point
33334+66666=100000

1, 2, 3, 4, 5 다섯 개의 숫자 중에서 두 숫자를 골라 만들 수 있는 두 자리 수를 모두 더하면 얼마입니까?

KeyPoint

두 자리 수는 모두 5×4=20(개)를 만들 수 있습니다.

다음 중 계산한 곱에서 0의 개수가 가장 많은 것은 어느 것입니까?

① 700×400 ② 500×600 ③ 1250×800

④ 250×400 ⑤ 5000×700

KeyPoint

5×2=10
25×4=100
125×8=1000

다음 숫자 카드 중에서 서로 다른 두 장을 뽑아 두 자리의 짝수를 만들 때, 만들 수 있는 모든 수들의 합은 얼마입니까?

1	2	3	4	5

Key Point
일의 자리에 올 숫자는 2와 4입니다.

1에서 100까지의 수 중 숫자 5가 들어간 수를 모두 더하면 얼마입니까?

Key Point
일의 자리에 숫자 5가 들어간 수는
5, 15, 25, ⋯, 85, 95
십의 자리에 숫자 5가 들어간 수는
50, 51, 52, ⋯, 58, 59
이때, 55가 두 번 들어감에 주의합니다.

4. 합과 차의 최대, 최소

Free FACTO

다음 8장의 숫자 카드를 이용하여 네 자리 수끼리의 뺄셈식을 만듭니다. 차가 가장 클 때와 가장 작을 때의 값을 각각 구하시오.

0	1	2	4
5	7	8	9

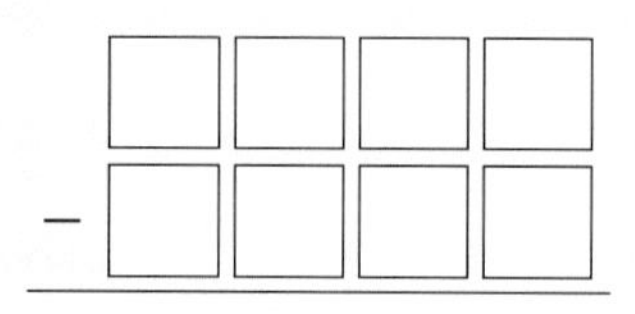

생각의 흐름

1 차가 가장 커지려면 하나의 수는 가장 크게, 또 하나의 수는 가장 작게 만들면 됩니다.

2 차가 가장 작아지려면 가장 가까운 수를 만들면 됩니다. 먼저 천의 자리에 가장 가까운 두 숫자를 고릅니다.

3 2의 각 경우에 나머지 여섯 개의 숫자로 차가 가장 작게 만들어 네 자리 두 수의 차를 구합니다. 이 중 차가 가장 작을 때의 값을 구합니다.

다음 숫자 카드를 한 번씩만 이용하여 세 자리 수 2개를 만들 때, 그 합이 가장 클 때의 값과 차가 가장 작을 때의 값을 각각 구하시오.

● 합이 가장 클 때는 두 수 모두 커야 하고, 차가 작을 때는 두 수가 가까운 수이어야 합니다.

1	0	3	4	7	8

다음 숫자 카드를 한 번씩만 사용하여 5로 나누어떨어지는 세 자리 수 2개를 만들려고 합니다. 두 수의 차가 가장 클 때, 그 차는 얼마입니까?

5로 나누어떨어지려면 일의 자리 숫자는 5 또는 0이 되어야 합니다.

8	2	5	0	4	3

LECTURE 합과 차를 가장 크게, 가장 작게

1, 2, 3, 4, 5, 6 여섯 개의 숫자로 세 자리 수 두 개를 만듭니다.

① 두 수의 합이 가장 커지려면 백의 자리는 가장 크게, 일의 자리는 가장 작게 만들어야 합니다. 따라서 가장 크게 될 때의 값은

$(500+600)+(30+40)+(1+2)=1100+70+3=1173$

② 두 수의 합이 가장 작아지려면 백의 자리가 가장 작고, 일의 자리가 가장 커야 하므로

$(100+200)+(30+40)+(5+6)=381$

③ 두 수의 차가 가장 커지려면 하나의 수는 가장 크게, 다른 하나의 수는 가장 작게 만들면 됩니다. 만들 수 있는 가장 큰 수는 654, 가장 작은 수는 123이므로 차가 가장 크게 될 때의 값은

$654-123=531$

④ 두 수의 차가 가장 작아지려면 두 수를 가장 가까운 수로 만들면 됩니다. 먼저 백의 자리에 가장 가까운 두 숫자를 고른 다음, 나머지 네 수로 가장 큰 두 자리 수, 가장 작은 두 자리 수를 만들어 차가 가장 작게 될 때의 값을 고르면 됩니다. 가까운 두 숫자는 (1, 2), (2, 3), (3, 4), (4, 5), (5, 6)인데 나머지 네 숫자로 차가 가장 크게 될 때는 $65-12=53$이므로 백의 자리 숫자는 3, 4를 고릅니다. 따라서 차가 가장 작을 때는

$412-365=47$

이 됩니다.

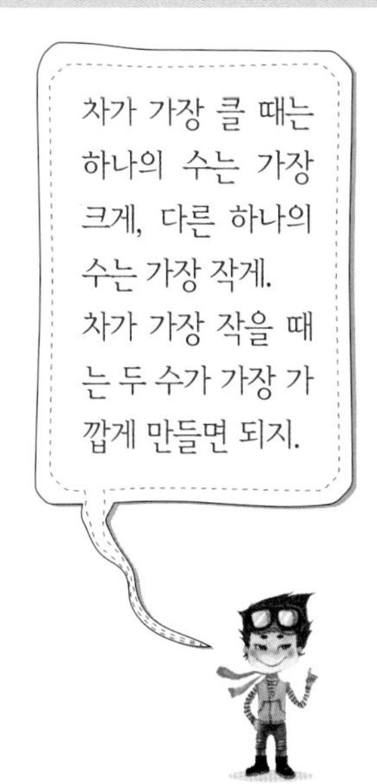

5. 괄호

Free FACTO

다음 식이 성립하도록 ( )를 한 번만 넣으시오.

$$80 - 40 - 4 \div 3 + 3 = 15$$

생각의 흐름

1 계산 결과가 분수나 소수가 아니므로 3으로 나누었을 때, 나누어떨어져야 합니다. 따라서 3으로 나누어떨어지도록 여러 가지 방법으로 괄호를 해 봅니다.

2 1의 각 경우에 계산을 하여 식이 성립하는 것을 찾습니다.

LECTURE 괄호 넣기

식에 +, −, ×, ÷이 섞여 있는 혼합 계산에서는 순서와 관계없이 항상 ×와 ÷를 먼저 계산하고, +나 −를 나중에 계산합니다. (×와 ÷는 순서대로 계산합니다.)
그런데 식 사이에 ( )가 있으면 다른 어떤 계산보다도 ( ) 안을 먼저 계산해야 합니다. 그래서 어떤 식에 ( )를 하게 되면 계산 결과가 달라지게 됩니다. 간단한 계산인 경우 ( )를 하는 방법은 그 가짓수가 많지 않지만 여러 수의 계산인 경우 ( )를 넣는 방법은 상당히 많게 되고 그 결과도 여러 가지가 됩니다.

$31-5+2\times4-3+5=36$　　$(31-5+2)\times4-3+5=114$

$31-(5+2)\times4-3+5=5$　　$31-(5+2\times4)-3+5=20$

$31-5+2\times(4-3)+5=33$　　$31-5+2\times(4-3+5)=38$

$31-5+2\times4-(3+5)=26$　　$31-(5+2\times4-3+5)=16$

혼합 계산에서는 괄호 안을 항상 먼저 계산해야 돼. 그래서 같은 식이라 하더라도 괄호를 넣는 위치에 따라 계산 결과가 달라지게 되지.

다음 중에서 ( )를 하지 않아도 계산 결과가 같은 것은 어느 것입니까?

+, −, ×, ÷, ( ) 가 있는 혼합 계산에서는 ( ) 안을 항상 먼저 계산합니다.

① $20\times(4+5)$ ② $80-(24+6)$ ③ $80-(40-10)$
④ $60\div(3\times2)$ ⑤ $50+(20-15)$

다음 식에 ( )를 한 번 넣어 계산하였을 때, 계산 결과가 가장 크게 될 때의 값은 얼마입니까?

계산 결과가 커지려면 곱하거나 더하는 수는 크게, 나누거나 빼는 수는 작게 하여야 합니다.

$$8 + 20 \times 5 - 3 + 6 \div 2$$

6. 복면산

Free FACTO

다음 덧셈식에서 같은 모양은 같은 숫자, 다른 모양은 다른 숫자를 나타냅니다. 각 모양이 나타내는 숫자는 각각 무엇입니까?

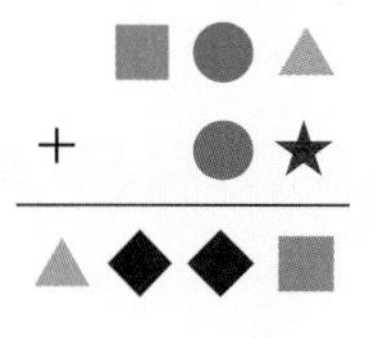

생각의 흐름

1 합의 가장 큰 자리 숫자인 ▲가 될 수 있는 숫자를 구합니다.

2 더하는 수의 가장 큰 자리 숫자인 ■가 될 수 있는 숫자를 알아보고, 합의 백의 자리 숫자인 ◆를 구합니다.

3 나머지 ★, ●가 나타내는 숫자를 구합니다.

다음 덧셈식에서 ●와 ▲는 서로 다른 숫자를 나타냅니다. ●와 ▲가 나타내는 숫자를 각각 구하시오.

계산 결과의 백의 자리를 보면 ▲=●+1임을 알 수 있습니다.

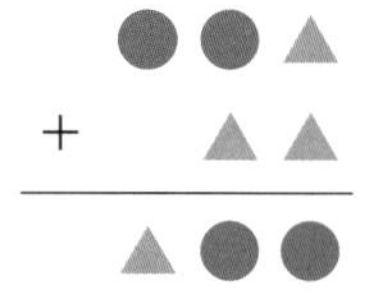

다음 곱셈식에서 ㉠, ㉡, ㉢, ㉣은 0에서 9까지의 서로 다른 숫자를 나타냅니다. ㉠, ㉡, ㉢, ㉣이 나타내는 숫자를 각각 구하시오.

네 자리 수에 4를 곱하여 네 자리 수가 되었습니다. 따라서 ㉠이 될 수 있는 숫자는 1 또는 2입니다.

```
   ㉠㉡㉢㉣
×        4
──────────
   ㉣㉢㉡㉠
```

LECTURE 복면산

다음과 같이 문자 또는 모양으로 식을 나타내는 것을 복면산(mask)이라 합니다.
식에 복면을 썼다고 해서 붙여진 이름입니다.

```
   ■ ● ▲          A A B
+    ● ★        +   B B
─────────       ───────
 ▲ ◆ ◆ ■          B A A
```

복면산에서 같은 문자 또는 모양은 항상 같은 숫자를 나타내고, 다른 문자 또는 모양은 다른 숫자를 나타냅니다. 또한 가장 앞자리에 있는 문자 또는 모양은 0이 될 수 없습니다.

복면산을 풀 때

① 덧셈의 경우에는 계산 결과의 가장 큰 자리 숫자와 받아올림이 문제 해결의 실마리가 되는 경우가 많습니다.

② 곱셈의 경우에는 곱했을 때 나올 수 있는 일의 자리 숫자나 가장 큰 자리 숫자가 주로 단서가 됩니다.

하지만 여러 다른 경우가 있기 때문에 푸는 방법이 정해져 있지 않습니다.
각 문제를 살펴본 후 어디에 실마리가 있는지 찾아내야 합니다.

식에 복면을 썼다고 해서 복면산이라고 해.
복면산은 계산 결과의 가장 큰 자리 숫자가 문제 해결의 실마리가 되는 경우가 많아.

Creative 팩토

다음 식이 성립하도록 ( )를 한 번만 넣으시오.

$$50 - 2 + 3 \times 4 = 30$$

KeyPoint

여러 가지 방법으로 ( )를 넣어 계산하여 봅니다.

다음 6장의 숫자 카드 중에서 4장을 골라 두 자리 수끼리의 덧셈식을 만들 때, 합이 가장 클 때와 가장 작을 때의 값을 각각 구하시오.

0	1	2
3	4	5

$$\begin{array}{r} \square\square \\ +\ \square\square \\ \hline \end{array}$$

KeyPoint

합이 가장 클 때는 큰 숫자를 높은 자리에 넣어야 합니다.

다음 뺄셈식에서 같은 모양은 같은 숫자, 다른 모양은 다른 숫자를 나타냅니다. 각 모양이 나타내는 숫자는 각각 무엇입니까?

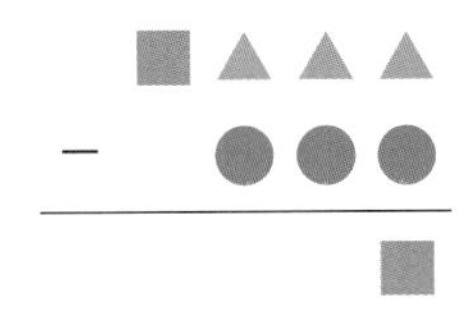

KeyPoint
네 자리 수에서 세 자리 수를 빼었더니 한 자리 수가 되었습니다.
■를 먼저 구합니다.

다음 식에 ( )를 한 번 넣어 계산하였을 때, 계산 결과가 가장 작게 될 때의 값은 얼마입니까?

$$40 - 6 + 3 \times 4 + 1 + 7$$

KeyPoint
빼는 값이 커지도록 ( )를 넣습니다.

다음 6장의 숫자 카드를 이용하여 세 자리 수 2개를 만들 때, 합이 가장 클 때와 차가 가장 작을 때의 값을 각각 구하시오.

0	1	3	6	8	9

KeyPoint

합이 커지려면 두 수 모두 커야 하고, 차가 작아지려면 가장 가까운 두 수를 만들어야 합니다.

다음 덧셈식에서 같은 모양은 같은 숫자, 다른 모양은 다른 숫자를 나타냅니다. 각 모양이 나타내는 숫자는 무엇인지 구하시오.

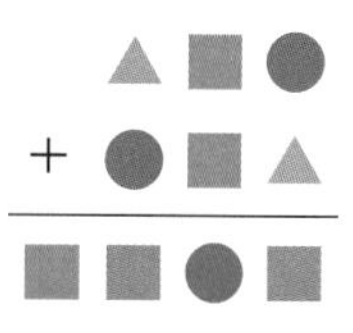

KeyPoint

합의 천의 자리 숫자 ■이 나타내는 숫자를 먼저 구합니다.

숫자 카드 4, 6, 8 을 가지고 만든 세 자리 수와 숫자 카드 3, 5, 9 를 가지고 만든 세 자리 수의 차가 가장 클 때의 값은 얼마입니까?

KeyPoint

4, 6, 8로 가장 큰 수를, 3, 5, 9로 가장 작은 수를 만들어 차를 구해 봅니다.
또, 반대로 4, 6, 8로 가장 작은 수를, 3, 5, 9로 가장 큰 수를 만들어 차를 구하고 비교해 봅니다.

다음 식이 성립하도록 ( )를 한 번씩만 넣으시오.

$$10 + 8 \times 6 - 4 \div 2 = 18$$

$$10 + 8 \times 6 - 4 \div 2 = 27$$

$$10 + 8 \times 6 - 4 \div 2 = 32$$

KeyPoint

덧셈이나 뺄셈이 먼저 계산되도록 ( )를 넣어 봅니다.

다음 중 계산 결과가 가장 큰 것은 어느 것입니까?

① $495 \times 4 \times 8$　② $3 \times 12 \times 495$　③ $7 \times 495 \times 5$

④ $495 \times 6 \times 6$　⑤ $19 \times 495 \times 2$

1에서 9까지의 숫자 카드를 한 번씩만 사용하여 다음과 같은 식을 만들 때, 계산 결과가 가장 클 때의 값을 구하시오.

$\square\square\square + \square\square\square - \square\square\square$

다음 덧셈식에서 같은 모양은 같은 숫자, 다른 모양은 다른 숫자를 나타냅니다. 각 모양이 나타내는 숫자를 구하려고 할 때, 물음에 답하시오.

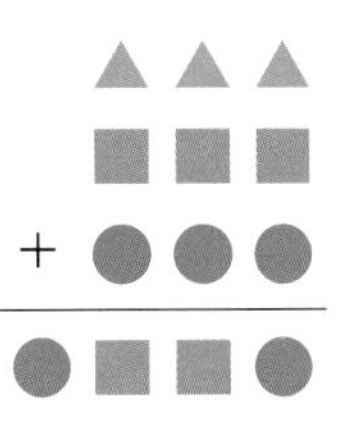

(1) ▲+■+●의 일의 자리 숫자가 ●입니다. ▲+■의 값을 구하시오.

(2) 계산 결과의 천의 자리 숫자 ●를 구하시오.

(3) ▲와 ■를 각각 구하시오.

다음 식에 ( )를 넣어 식이 성립하도록 하시오. ( )를 여러 번 사용해도 됩니다.

$$5 + 7 \times 8 + 12 \div 4 - 2 = 102$$

다음 표에서 색칠한 세 수의 합은 34입니다. 같은 모양(⌜)으로 놓인 세 수의 합이 100일 때, 세 수 중 가장 작은 수는 얼마입니까?

1	7	13	19	25	…
2	8	14	20	26	…
3	9	15	21	27	…
4	10	16	22	28	…
5	11	17	23	29	…
6	12	18	24	30	…

다음 숫자 카드 중에서 서로 다른 3장을 뽑아 세 자리 수를 만들 때, 만들 수 있는 모든 수들의 합을 구하려고 합니다. 물음에 답하시오.

(1) 백의 자리가 1일 때 만들 수 있는 세 자리 수는 모두 몇 개입니까?

백	십	일
1		

(2) 백의 자리에 들어갈 수 있는 숫자는 5개입니다. 만들 수 있는 세 자리 수는 모두 몇 개입니까?

(3) 세 자리 수를 만들 때 숫자 카드 1 은 백의 자리, 십의 자리, 일의 자리에 각각 몇 번씩 사용되었습니까?

(4) 다른 숫자 카드도 모두 같은 횟수만큼 사용되었습니다. 5장의 숫자 카드 중에서 서로 다른 3장을 뽑아 세 자리 수를 만들 때, 만들 수 있는 모든 수들의 합을 구하시오.

Memo

Ⅱ 퍼즐과 게임

1. 노노그램

Free FACTO

정사각형의 위 또는 왼쪽에 있는 숫자는 세로줄 또는 가로줄의 색칠한 칸의 수를 나타냅니다. 또한 연이어 숫자가 나오는 경우 그 숫자 사이에는 반드시 빈칸이 있어야 합니다. 왼쪽 |보기|를 보고 오른쪽 노노그램을 완성하시오.

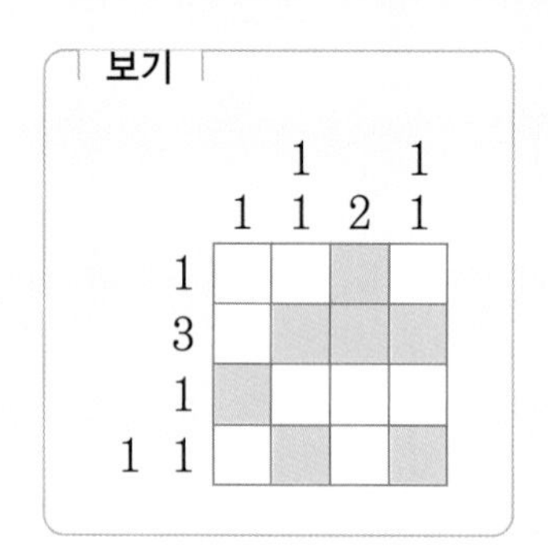

	1 1 1	1 1 1	3	1 1 1	1 1
1 1					
1 1 1					
3					
1 1 1					
1 1					

생각의 흐름
1 (1 1 1)은 칠해진 칸 사이에 반드시 빈칸이 있어야 합니다. 먼저 (1 1 1)을 찾아 색칠합니다.
2 주어진 조건에 맞게 노노그램을 완성합니다.

LECTURE 노노그램

네모네모 로직이라고도 불리는 노노그램은 1988년 일본의 테츠야 니시오가 처음으로 만든 퍼즐입니다. 노노그램은 바둑판 모양의 정사각형 밖에 있는 수에 따라 빈칸을 색칠하는 것으로 상당한 수준의 논리적인 사고력이 필요합니다.
노노그램 퍼즐을 푸는 기본 방법 몇 가지를 살펴보면 이러합니다.
① 나타낼 수 있는 방법이 한 가지뿐인 줄을 찾아 먼저 완성합니다.
② 이미 칠해진 칸이 있으면 그 부분을 힌트로 하여 다른 조건을 만족하도록 색칠합니다.
③ 한 줄에 쓰여진 수의 합이 큰 경우를 찾아 가능한 모양을 완성합니다.

다음 노노그램을 완성하시오.

111을 나타낼 수 있는 방법은 한 가지뿐입니다.

	1 1 1	1 1	2 1	1	2 1
1 1 1					
4					
1					
1					
2 1					

정사각형의 위, 왼쪽에 있는 수는 세로줄, 가로줄에 칠해진 칸의 수를 나타냅니다. 조건에 맞게 칸을 색칠하시오. 서로 다른 경우를 모두 찾습니다.

	1	1	1
1	■		
1		■	
1			■

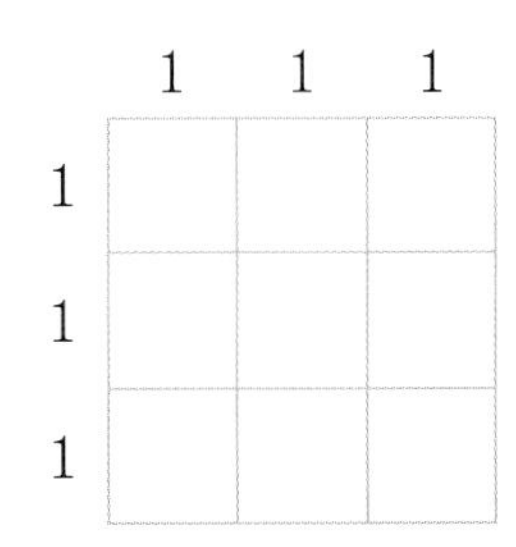

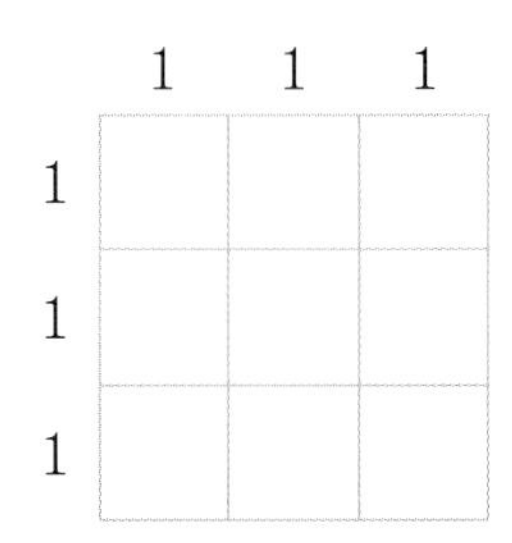

	1	1	1
1			
1			
1			

	1	1	1
1			
1			
1			

	1	1	1
1			
1			
1			

2. 마방진

Free FACTO

빈칸에 5, 6, 7, 8, 9를 넣어서 가로, 세로, 대각선에 놓인 세 수의 합이 모두 같도록 만드시오.

	1	
		3
2		4

생각의 흐름

1 A+1+B=B+3+4인 것을 이용하여 A에 들어갈 수를 구합니다.

2 1과 같은 방법으로 D에 들어갈 수를 구합니다.

A	1	B
C	D	3
2	E	4

3 A와 D에 들어갈 수를 알면 세 수의 합을 알 수 있습니다. 세 수의 합을 이용하여 다른 칸을 모두 채웁니다.

예제 01 가로, 세로, 대각선에 놓인 세 수의 합이 모두 같도록 빈칸에 알맞은 수를 써넣으시오.

먼저 가운데 칸에 들어갈 수를 구합니다.

5	10	
9		7

◯ 안에 3에서 9까지의 수를 한 번씩 넣어서 한 직선 위에 있는 세 수의 합이 모두 같게 만들려고 합니다. ◯ 안에 알맞은 수를 써넣으시오.

각 직선에서 가운데 수를 제외한 두 수의 합은 모두 같아야 합니다.

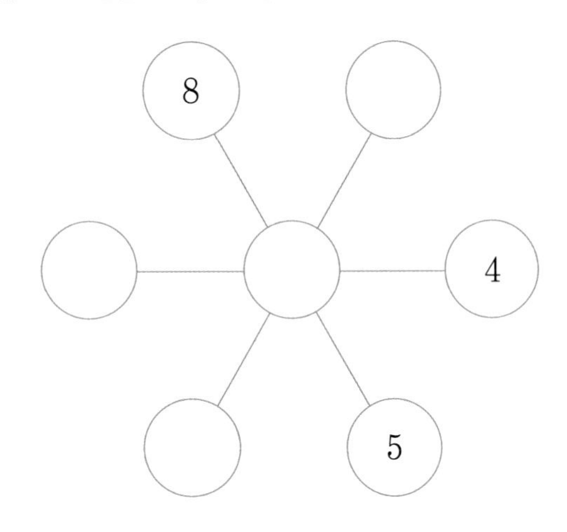

LECTURE 마방진

가로, 세로, 대각선에 놓인 수들의 합이 모두 같도록 수를 배열한 것을 마방진이라고 합니다.
4000년 전 중국에서 치수 공사를 하던 중에 거북이 한 마리가 발견되었는데, 이 거북이의 등에 찍혀 있던 점이 마방진을 이루었다고 합니다.
이것이 마방진에 대한 가장 오래된 기록이며, 그 신비한 성질로 인해 마방진은 옛날부터 많은 사람들의 관심을 받았습니다.
제갈공명이 마방진의 원리를 이용하여 어느 방향에서 보든 많은 병력이 보이도록 군대를 배치했다는 이야기, 과거 유럽에서는 마방진에 신비한 힘이 있는 것으로 생각하여 부적처럼 목에 걸었다는 이야기 등 마방진에 대해서는 흥미로운 이야기들이 전해져 옵니다.

3. 게임의 승리 전략

Free FACTO

11개의 바둑돌이 있습니다. 두 명이 번갈아 바둑돌을 가져오는데 한 번에 한 개 또는 두 개를 가져올 수 있다고 합니다. 마지막 바둑돌을 가져오는 사람이 진다고 할 때, 이 게임에서 항상 이기려면 처음에 몇 개의 바둑돌을 가져와야 합니까?

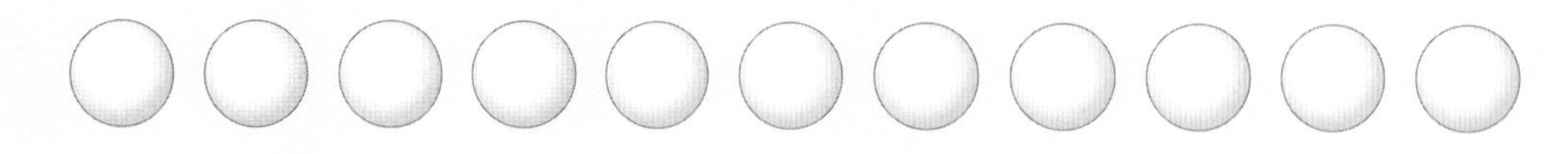

생각의 흐름

1 11개의 바둑돌에 번호를 붙입니다.

①② … ⑧⑨⑩⑪

2 마지막 바둑돌을 가져오는 사람이 지므로 이기기 위해서는 ⑩번 바둑돌을 가져와야 합니다. ⑩번 바둑돌을 가져오기 위해서 거꾸로 생각하여 몇 번 바둑돌을 가져와야 하는지 구합니다.

3 2에서 구한 바둑돌을 가져오기 위해서 거꾸로 생각하여 몇 번 바둑돌을 가져와야 하는지 구합니다.

4 이런 식으로 하여 처음에 몇 개의 바둑돌을 가져와야 하는지 구합니다.

예제 01

미진이와 한결이가 수 잇기 게임을 합니다. 1부터 시작하여 한 번에 한 개 또는 두 개의 수를 부를 수 있는데, 17을 부르는 사람이 진다고 합니다. 미진이가 처음에 1을 불렀더니, 한결이가 2, 3을 불렀습니다. 미진이가 항상 이기기 위해서는 그 다음 차례에 4를 불러야 합니까? 4, 5를 불러야 합니까? 그렇게 생각한 이유를 말하시오.

17을 부르는 사람이 지므로 내 차례가 되어 16을 불러야 합니다. 16을 부르기 위해서는 거꾸로 생각하여 13을 부르면 됩니다.

LECTURE 님게임

다음과 같이 12개의 구슬을 가운데 놓고 두 사람이 번갈아 가면서 1개, 2개 또는 3개의 구슬을 가져가는데, 마지막 구슬을 가져가는 사람이 지는 놀이를 님게임이라 합니다.

님게임에서 이기려면 마지막 이기는 구슬을 찾아 거꾸로 생각하면 돼!

이러한 님게임은 옛날 서양에서 유래되었는데 현재는 여러 가지로 변형되어 수학에서 게임이론의 주요한 한 장르가 되었습니다.

위의 님게임에서 이기는 방법을 알아보면,
마지막 구슬을 가져가는 사람이 지게 되므로 이기기 위해서는 자기 차례가 되었을 때, 11번 구슬을 가져오면 됩니다.
11번 구슬을 가져오기 위해서는 거꾸로 생각하여 내 차례가 되었을 때, 7번 구슬을 가져오면 됩니다.
즉, 내가 7번 구슬을 가져올 때,
상대방이 구슬 1개를 가져가면 내가 구슬 3개를 가져오고,
상대방이 구슬 2개를 가져가면 내가 구슬 2개를 가져오고,
상대방이 구슬 3개를 가져가면 내가 구슬 1개를 가져오면 됩니다.
이와 같은 방법으로 계속 거꾸로 생각하면 내가 7번 구슬을 가져 오기 위해서는 3번 구슬을 가져오면 됩니다.
따라서 이 게임에서 내가 이기기 위해서는 처음에 먼저 구슬을 3개 가져오면 됩니다.

놓여 있는 구슬의 개수와 한 사람이 가지고 갈 수 있는 구슬의 개수를 바꾸면 다양한 형태의 님게임을 만들 수 있습니다. 다음과 같은 방법으로 게임을 할 때, 이길 수 있는 방법을 생각해 봅니다.

① 구슬이 10개 있고 한 사람이 1개 또는 2개를 가져올 수 있을 때

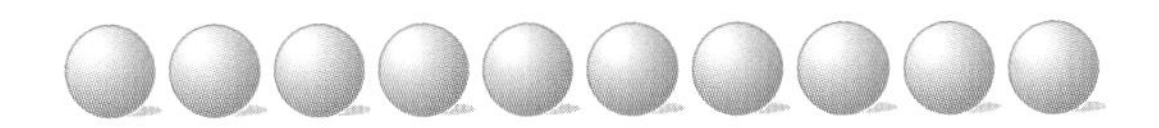

② 구슬이 15개 있고 한 사람이 1개, 2개, 3개 또는 4개를 가져올 수 있을 때

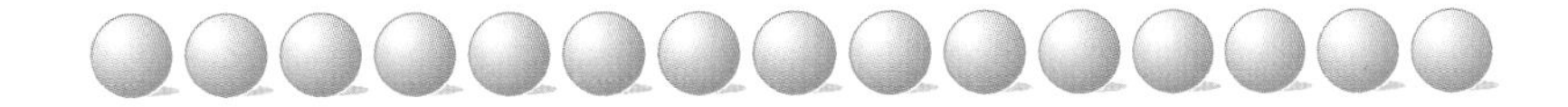

Creative 팩토

아래 그림은 |**규칙**|에 따라 칸을 색칠한 것입니다.

	2 1	1	2	1 1
1 1	■			■
2	■	■		
2			■	■
1 1	■		■	

규칙

- 정사각형의 위에 있는 수는 세로줄에 칠해진 칸의 수를 나타냅니다.
- 정사각형의 왼쪽에 있는 수는 가로줄에 칠해진 칸의 수를 나타냅니다.
- 연이어 나온 수와 수 사이에는 반드시 빈칸이 있어야 합니다.

규칙에 따라 다음을 완성하시오.

	1	2 1	1 1	2
3				
1 1				
1 1				
1				

	0	3	3	3	0
0					
3					
3					
3					
0					

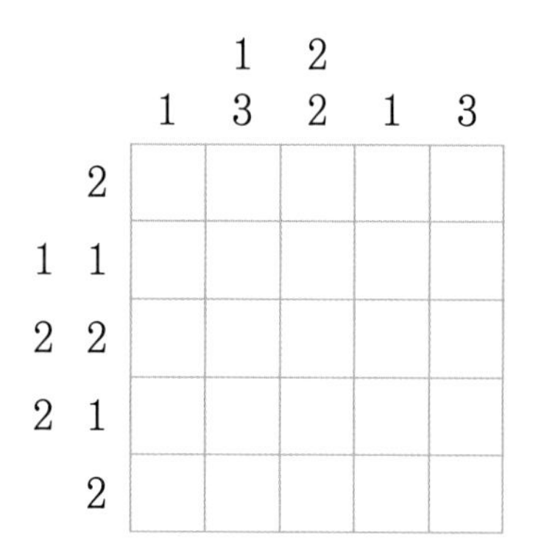

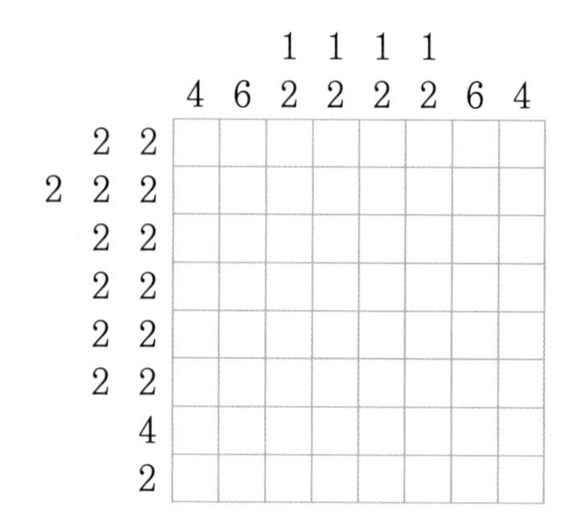

빈칸에 알맞은 수를 넣어 가로, 세로, 대각선에 놓인 네 수의 합이 같도록 만들어 보시오.

4	9	5	
	7		2
	6	10	3
1		8	

KeyPoint

4+9+5=2+3+□

한 원 위에 있는 네 수의 합이 모두 같도록 ◯ 안에 2, 3, 6, 7을 넣어 보시오.

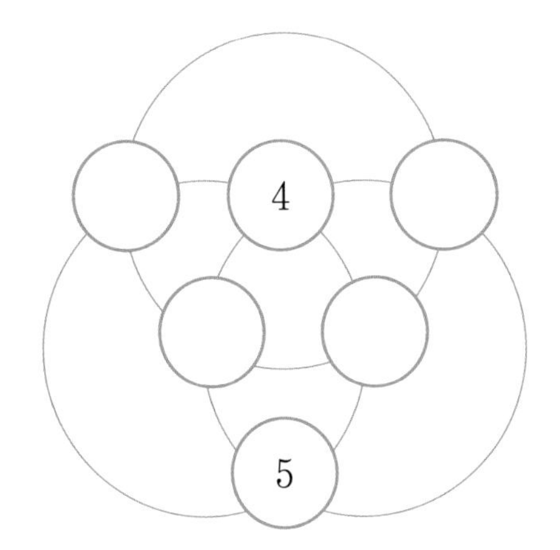

KeyPoint

ㄱ+ㄴ+ㄷ+ㄹ
=5+ㄴ+4+ㄹ
따라서, ㄱ+ㄷ=9

응용 4 종운이와 혜수, 진우가 점잇기 게임을 합니다. 점잇기 게임의 |규칙|이 다음과 같다고 할 때, 물음에 답하시오.

규칙

- 한 사람씩 차례대로 두 점을 선분으로 잇습니다.
- 같은 선분을 그을 수는 없습니다.
- 마지막 선분을 긋는 사람이 집니다.

(1) 종운이와 혜수가 다음과 같은 판에서 게임을 할 때, 누가 이깁니까? 단, 종운이가 먼저 선분을 그었습니다.

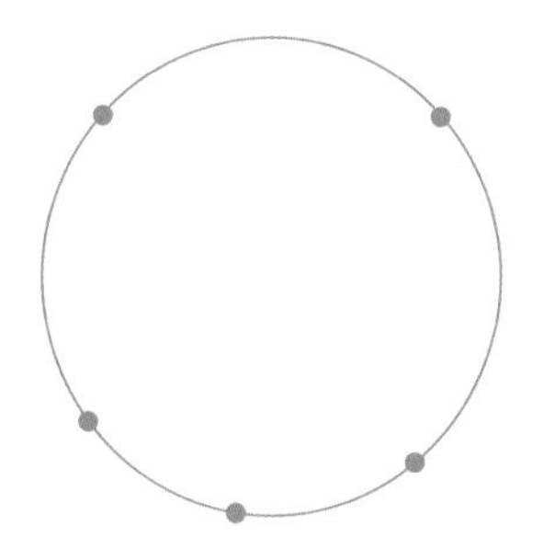

(2) 종운이와 혜수, 진우의 순서로 다음과 같은 판에서 게임을 합니다. 이기는 사람은 누구입니까?

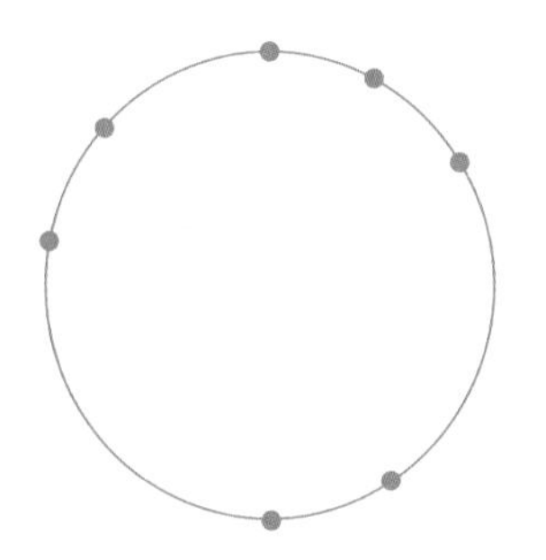

Key Point

그을 수 있는 선분의 개수를 구합니다.

승호와 민호는 바둑돌 옮기기 게임을 합니다. 다음과 같은 띠의 0의 위치에 바둑돌을 놓고, 번갈아 가며 오른쪽으로 움직인다고 할 때, 물음에 답하시오.

0	1	2	3	4	5	6	7	8	9	10	11

(1) 바둑돌을 한 번에 한 칸 또는 두 칸 움직일 수 있고, 마지막 칸에 옮긴 사람이 이긴다고 할 때, 승호가 이기기 위해서는 어떤 전략을 써야 합니까?
(전략의 예: 먼저 바둑돌을 한 칸 옮긴다.)

(2) 한 번에 한 칸에서 세 칸까지 움직일 수 있고, 마지막 칸에 도착하는 사람이 진다고 할 때, 민호가 이기기 위해서는 어떤 전략을 써야 합니까?

(3) 한 번에 한 칸에서 네 칸까지 움직일 수 있고, 마지막 칸에 도착하는 사람이 진다고 할 때, 승호가 이기기 위해서는 어떤 전략을 써야 합니까?

Key Point
이기는 위치를 거꾸로 따져 갑니다.

4. 성냥개비 퍼즐

Free FACTO

다음 그림과 같이 성냥개비 16개로 정사각형 5개를 만들었습니다. 성냥개비 3개를 옮겨서 크기가 같은 정사각형 4개가 되는 그림을 그리시오.

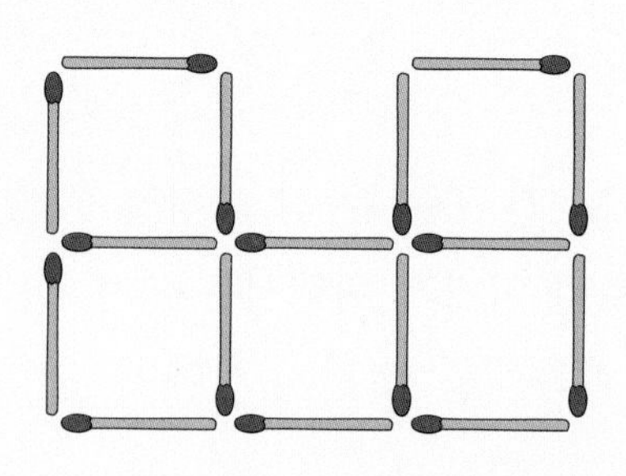

생각의 흐름

1 남는 성냥개비가 없으면서 2개를 옮겨 정사각형이 하나 없어지는 성냥개비를 찾습니다.

2 1에서 찾은 성냥개비 2개와 다른 성냥개비 하나로 정사각형 하나를 없애면서 새로운 정사각형 하나를 만듭니다.

예제 01 다음 그림에서 성냥개비를 4개 움직여서 정사각형 3개가 되도록 하시오. (단, 정사각형의 크기가 모두 같을 필요는 없습니다.)

➲ 한 변이 성냥개비 2개로 이루어진 정사각형을 생각해 봅니다.

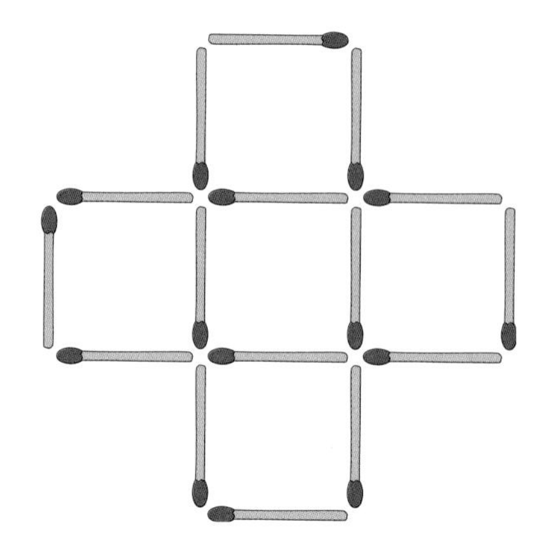

LECTURE 성냥개비 퍼즐

다음은 성냥개비 12개로 6개의 정삼각형을 만든 것입니다.

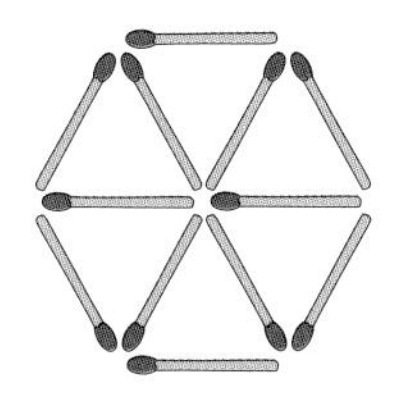

성냥개비 2개를 옮겨 5개의 정삼각형을 만들려면 삼각형을 이루는 성냥개비 2개를 빼내어 새로운 삼각형 하나를 만들면 됩니다. 이때, 오른쪽과 같이 삼각형을 이루지 않는 성냥개비가 있어서는 안됩니다.

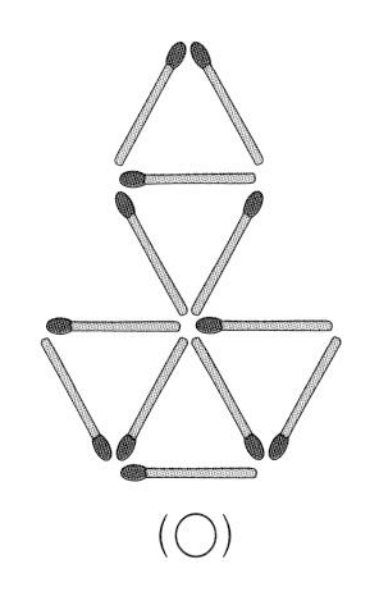
(○)

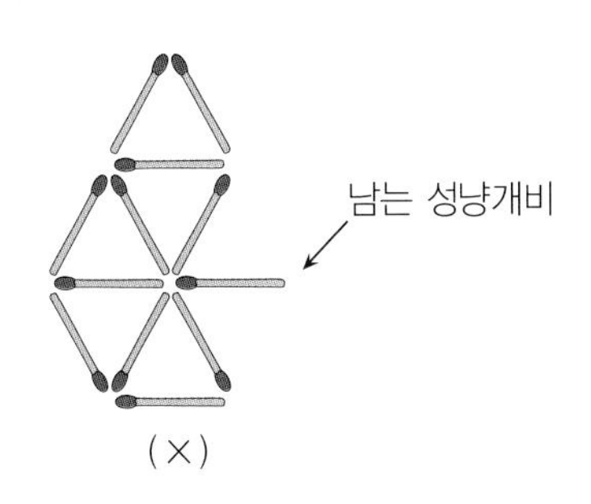

(×)

계속 2개씩 옮겨 4개의 정삼각형, 3개의 정삼각형을 만들면 다음과 같습니다.

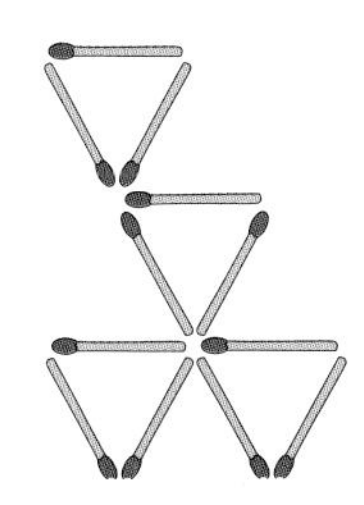

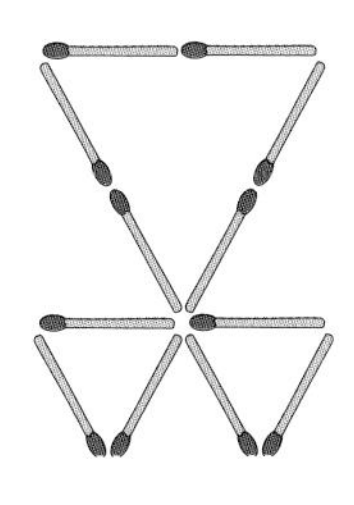

다시 성냥개비를 옮겨 2개의 삼각형을 만들어 보세요.

5. 칠교조각 퍼즐

Free FACTO

다음은 오른쪽 칠교 4조각을 사용하여 정사각형이 아닌 직사각형을 여러 가지 방법으로 만든 것입니다.

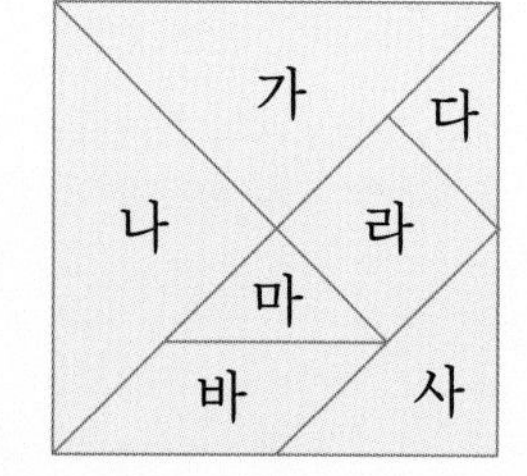

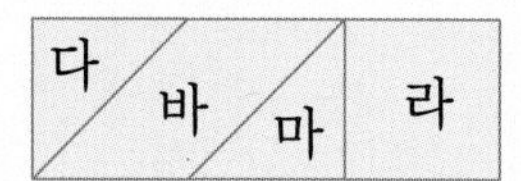

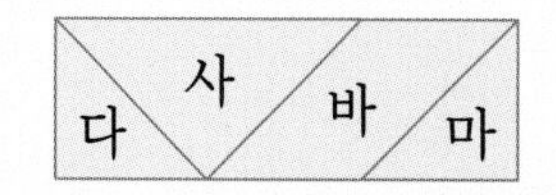

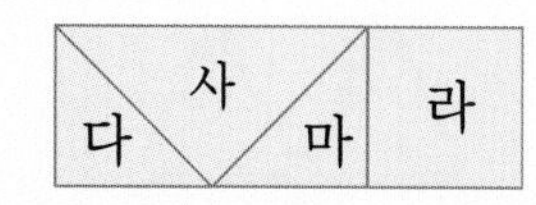

칠교 3조각을 이용하여 여러 가지 방법으로 정사각형이 아닌 직사각형을 만들어 보시오. 단, 조각을 붙이는 모양이 다르더라도, 사용한 조각이 같으면 같은 것으로 봅니다.

생각의 흐름 두 조각을 붙여 모양을 만든 후 나머지 한 조각을 붙여 직사각형이 만들어지는지 알아봅니다.

예제 01 왼쪽 칠교조각을 이용하여 오른쪽 사탕 모양을 만들었습니다. 오른쪽 그림에 나누어지는 선을 긋고, 그 모양의 기호를 쓰시오.

큰 직각이등변삼각형 조각이 들어갈 위치를 먼저 찾습니다.

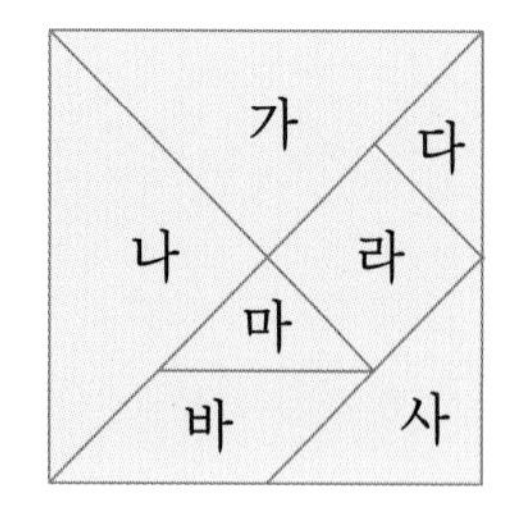

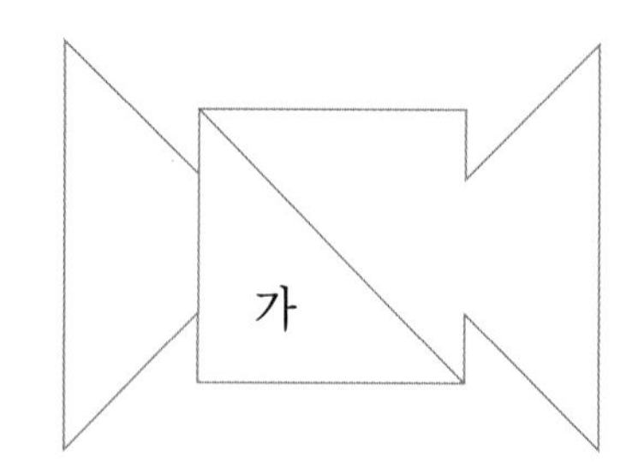

LECTURE 칠교놀이

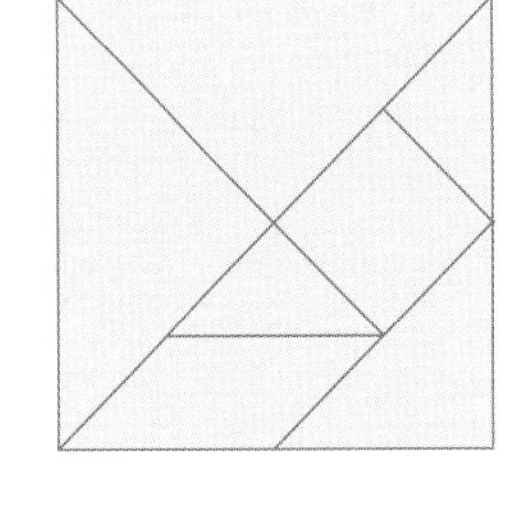

지혜의 놀이판 또는 탱그램이라 불리는 칠교조각은 오른쪽과 같이 정사각형을 나눈 것인데
① 큰 직각이등변삼각형 2개
② 중간 크기의 직각이등변삼각형 1개
③ 작은 직각이등변삼각형 2개
④ 정사각형 1개
⑤ 평행사변형 1개
로 5가지 모양의 7조각으로 이루어져 있습니다.
칠교조각의 모양과 개수는 무척 간단하지만 이것만으로도 동물, 기호, 사람, 집, 숫자 등 무한히 많은 모양을 만들 수 있습니다.

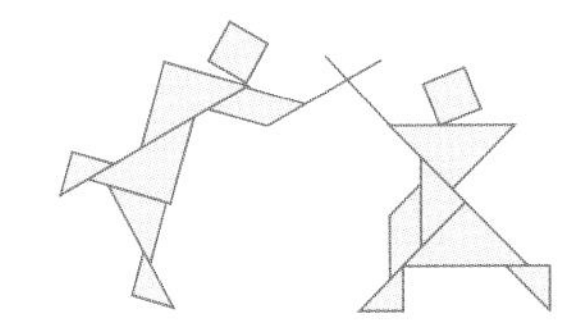
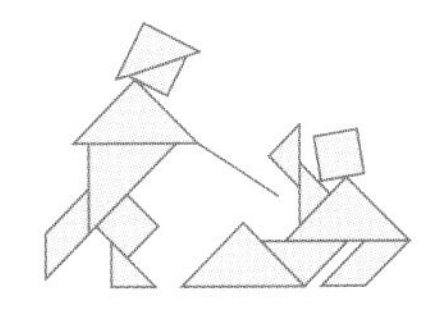
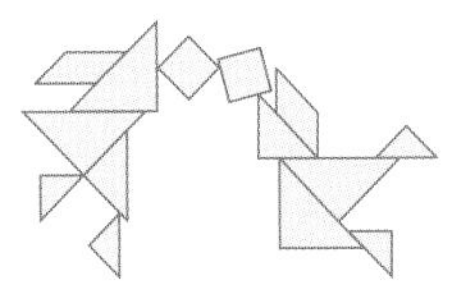

도형의 모습이 어떻게 될지 머릿속으로 상상하면서 조각들을 맞추다 보면 저절로 도형에 대한 구성력, 창의력, 직관력 등이 발달할 것입니다.

다음은 피라미드 높이를 재고, 일식을 예언한 최초의 수학자 탈레스가 밤하늘의 별을 관찰하면서 걷다가 웅덩이에 빠지는 모습을 칠교조각으로 재미있게 표현한 것입니다.
칠교조각을 어떻게 사용한 것인지 알아보세요.

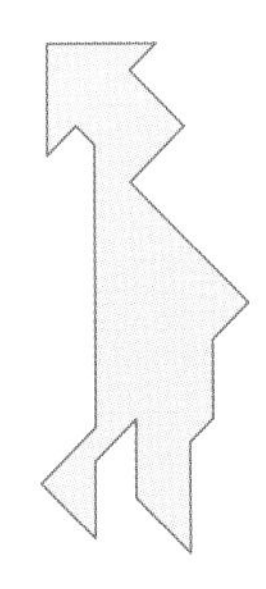
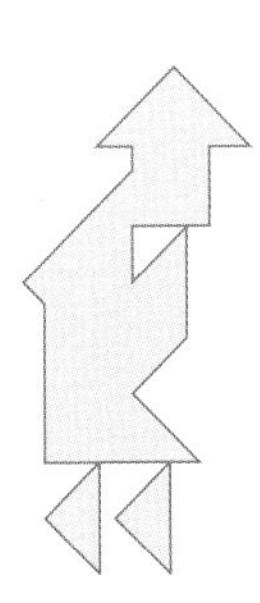
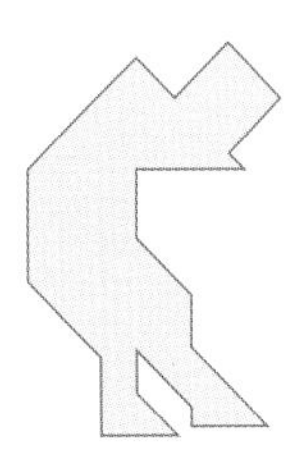

6. 도형 붙이기

Free FACTO

정사각형 모양의 색종이를 반으로 잘라 직각이등변삼각형 모양의 색종이 2장을 만들었습니다. 이 2장의 색종이를 길이가 같은 변끼리 이어 붙여 만들 수 있는 서로 다른 모양을 모두 그리시오. 단, 돌리거나 뒤집어서 겹치는 것은 서로 같은 모양입니다.

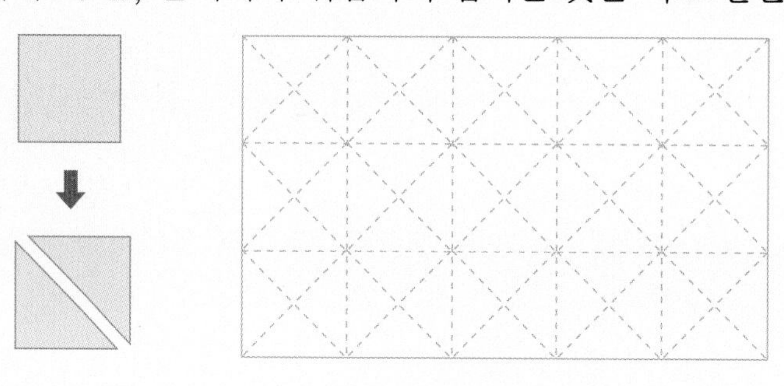

생각의 흐름

1 먼저 길이가 긴 변끼리 이어 붙여 만든 모양을 그립니다.

2 나머지 변을 이어 붙여 만든 서로 다른 모양을 모두 그립니다.

예제 01 정삼각형 모양의 색종이를 반으로 잘라 만든 직각삼각형 모양의 색종이 2장을 붙여 만들 수 있는 모양을 모두 그리시오.

길이가 같은 변끼리 붙여가며 만들 수 있는 모양을 관찰합니다.

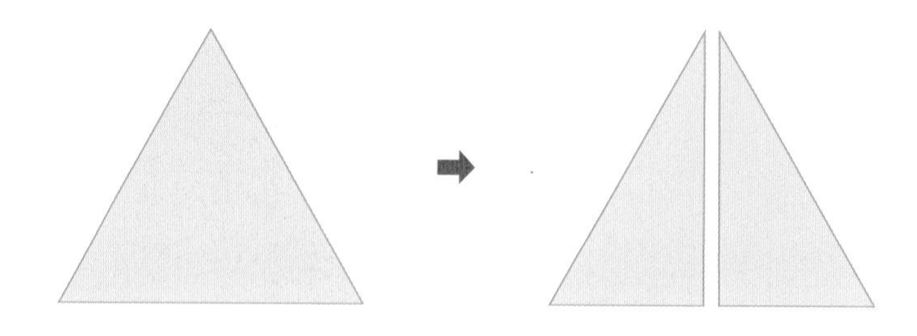

LECTURE 도형 붙이기

도형과 도형을 붙여 새로운 도형을 만드는 것을 도형 붙이기라고 합니다. 도형을 붙일 때에는 다음에 주의하여야 합니다.

① 길이가 같은 변끼리 붙여야 합니다.

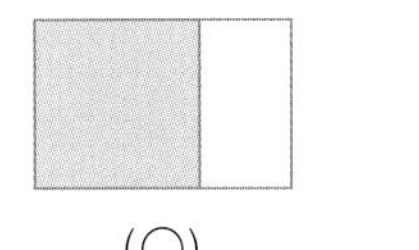

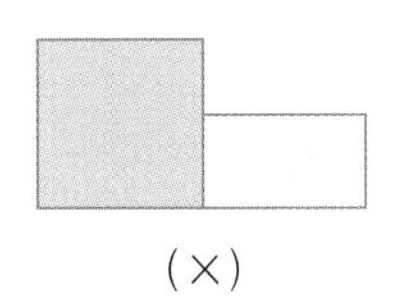

(○) (×)

② 도형을 변끼리 붙일 때 남는 부분이 있어서는 안됩니다.

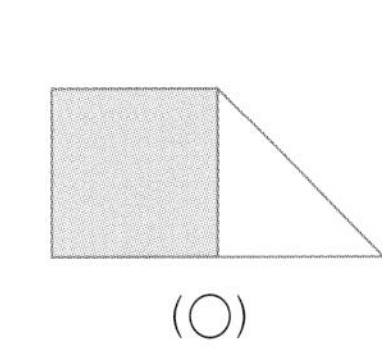

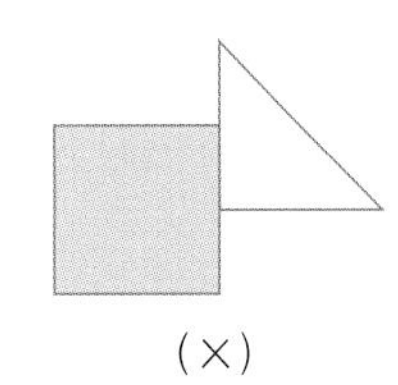

(○) (×)

③ 도형을 붙여서 만든 전체 모양이 같으면 같은 모양으로 봅니다.

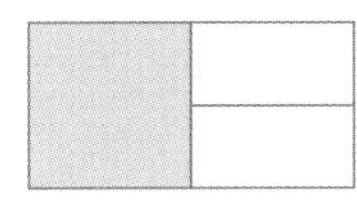

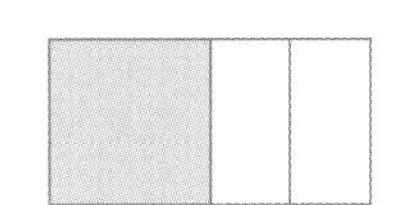

(전체 모양이 같으므로 같은 모양)

④ 돌리거나 뒤집어서 같은 모양은 한 가지로 봅니다.

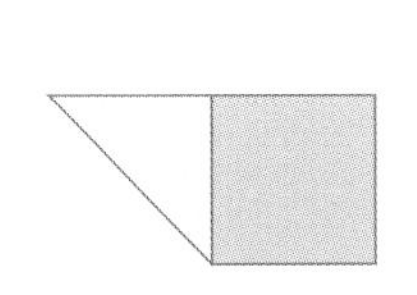

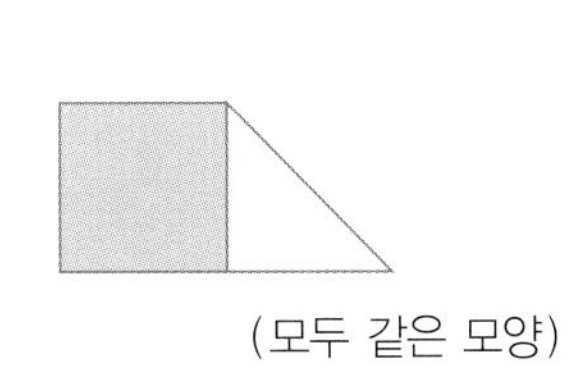

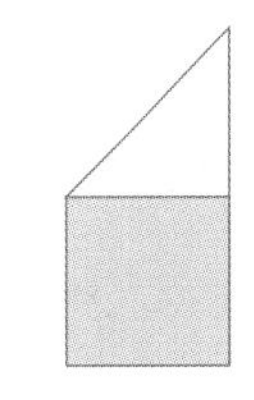

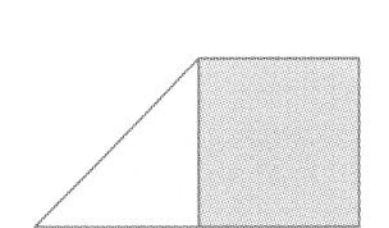

(모두 같은 모양)

Creative 팩토

작은 칠교조각 3개를 이용하여 가장 큰 직각이등변삼각형 조각을 만들어 보시오. 세 가지 방법이 있습니다. 단, 사용한 조각이 같으면 같은 방법으로 봅니다.

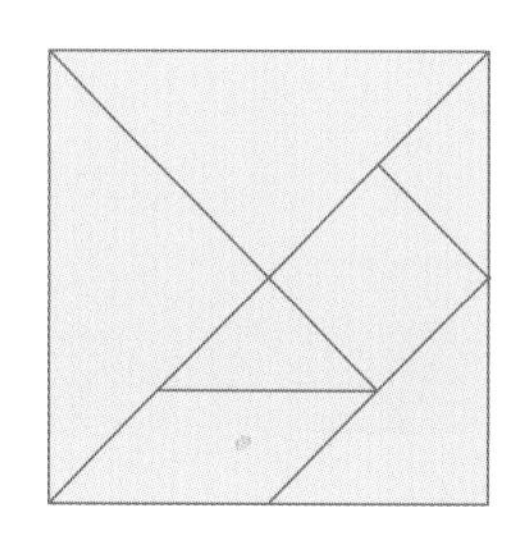

KeyPoint

가장 작은 직각이등변삼각형 조각 2개를 반드시 이용해야 합니다.

성냥개비 17개를 사용하여 작은 정사각형 6개로 이루어진 직사각형을 만들었습니다. 성냥개비 5개를 없애서 정사각형이 3개만 남도록 만드시오.

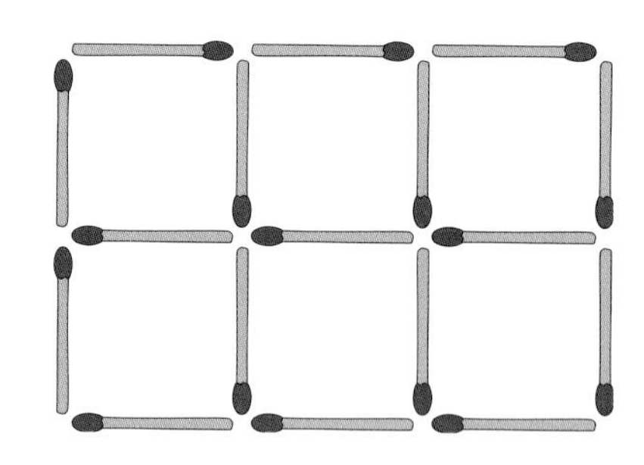

KeyPoint

1개를 없애면 정사각형 1개가 사라지는 성냥개비를 찾습니다.

크기와 모양이 같은 직사각형 3개를 길이가 같은 변끼리 이어 붙여 만들 수 있는 서로 다른 모양을 모두 그리시오.

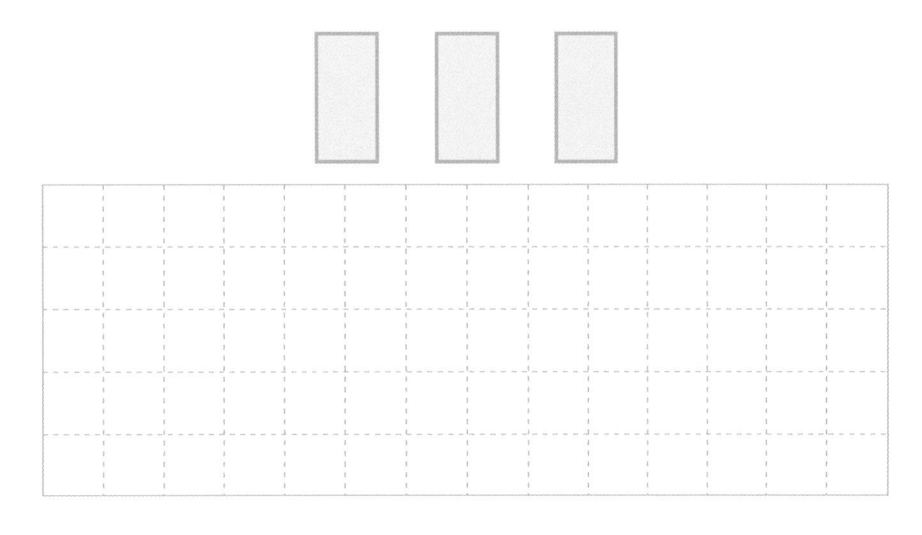

KeyPoint

2개를 붙일 수 있는 방법은 두 가지입니다.

변의 길이가 같은 정사각형 1개와 정삼각형 2개가 있습니다. 이 3조각을 붙여 만들 수 있는 서로 다른 모양을 모두 그리시오.

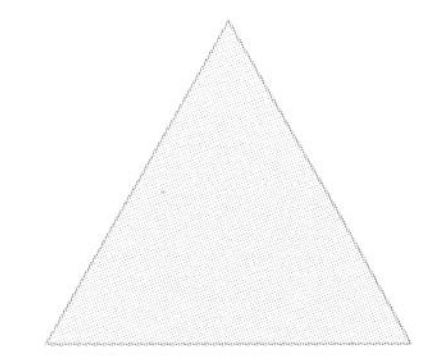
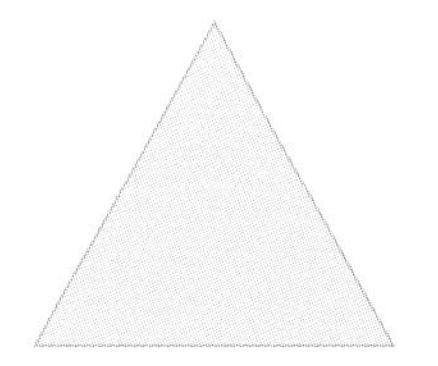

KeyPoint

정사각형 1개와 정삼각형 1개를 붙인 모양에 나머지 정삼각형 1개를 여러 가지 방법으로 붙입니다.

다음과 같이 성냥개비 13개로 만든 모양에서 찾을 수 있는 크고 작은 정삼각형은 7개입니다. 성냥개비 3개를 빼내어 정삼각형이 3개만 남도록 만들어 보시오. 이때, 도형을 이루지 않고 남은 성냥개비가 있어서는 안됩니다.

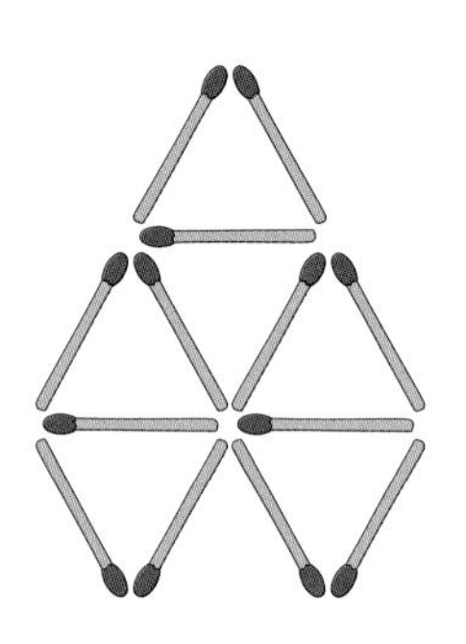

KeyPoint
큰 삼각형이 남도록 생각해 봅시다.

성냥개비로 만든 다음 계산식에는 틀린 곳이 있습니다. 각 계산식에서 성냥개비를 1개만 옮겨서 등호(=)의 양쪽 값이 같도록 만들고, 이를 식으로 쓰시오.

(1)

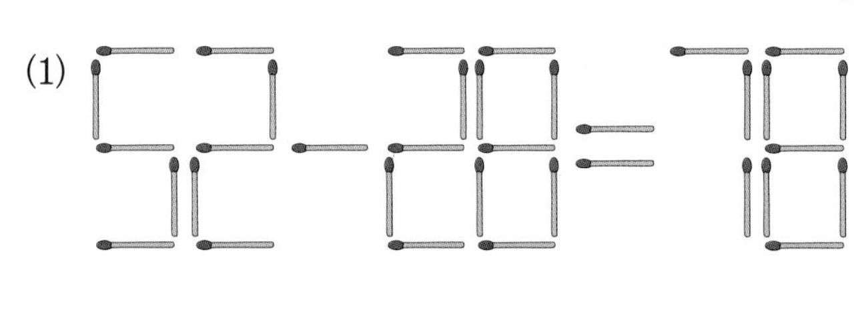

식 : ______________________

(2) 9×7=66

식 : ______________________

KeyPoint
6에서 성냥개비 하나를 빼면 5를 만들 수 있습니다.

다음은 오른쪽 도형판의 조각들입니다. |보기|와 같이 주어진 조각을 모두 사용하여 직사각형을 만들고, 만들 수 없는 것은 ×표 하시오.

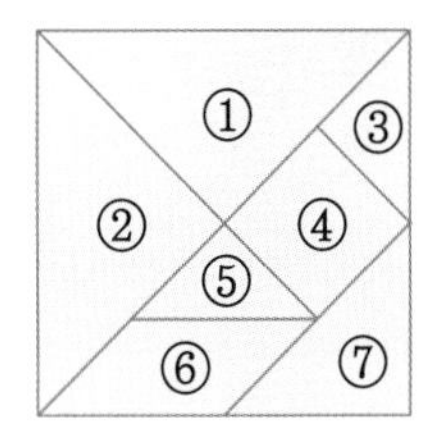

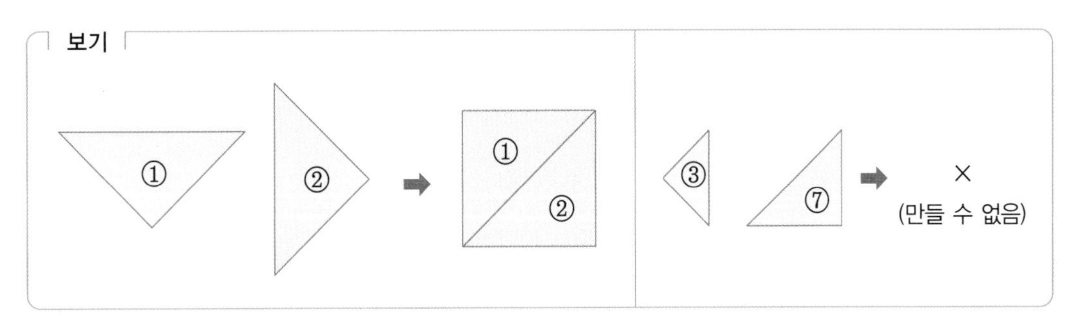

(1)

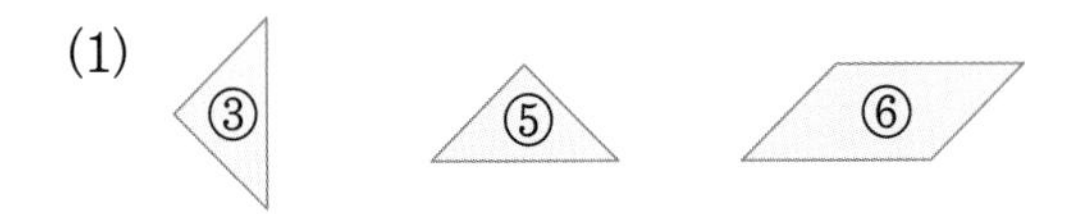

(2)

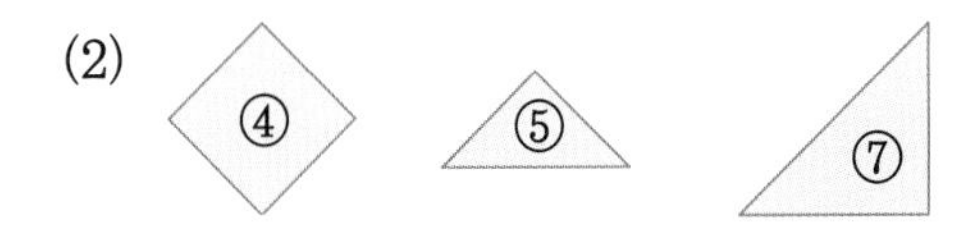

(3)

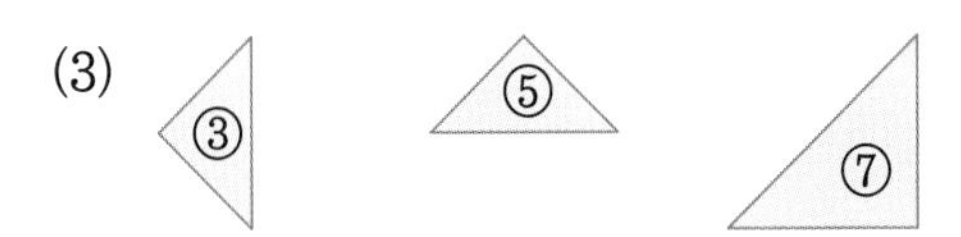

(4)

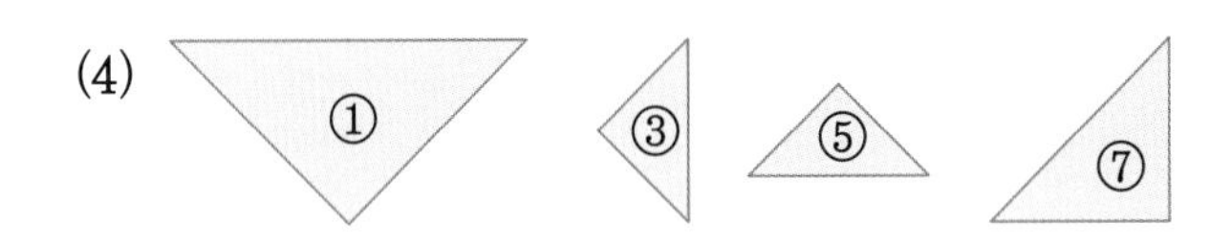

(5)

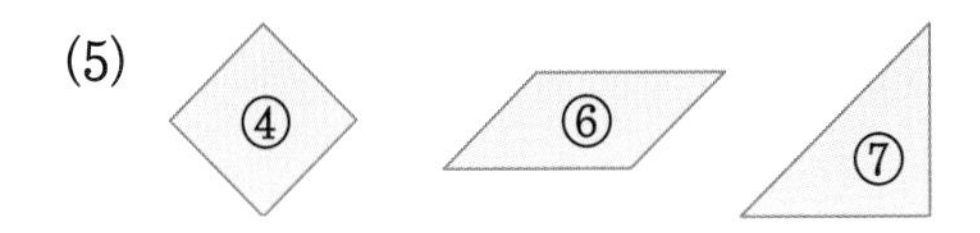

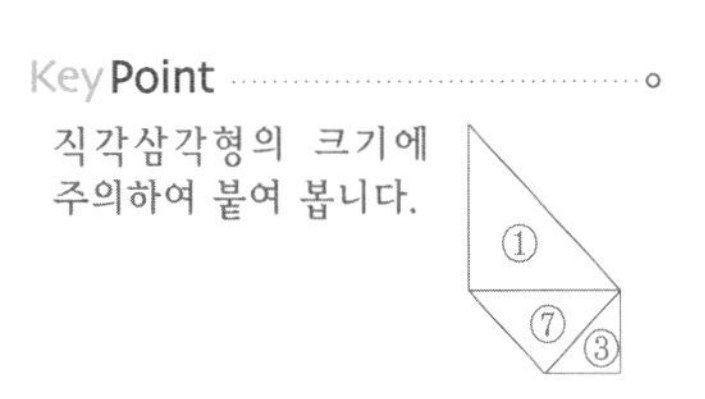

Thinking 팩토

정사각형의 위, 옆에 쓰인 수는 그 수가 쓰인 가로줄, 세로줄에 칠해진 작은 정사각형의 개수를 나타냅니다. 여러 가지 방법으로 그 수만큼 정사각형을 색칠하시오.

	1	2	1
1			
2			
1			

	1	2	1
1			
2			
1			

	1	2	1
1			
2			
1			

	1	2	1
1			
2			
1			

	1	2	1
1			
2			
1			

정사각형 모양의 색종이 2장이 있습니다. 그 중 한 장은 그림과 같이 잘라 크기가 같은 작은 직사각형 2개로 만들었습니다. 이 3장의 색종이를 길이가 같은 변끼리 이어 붙여 만들 수 있는 서로 다른 모양을 모두 그리시오.

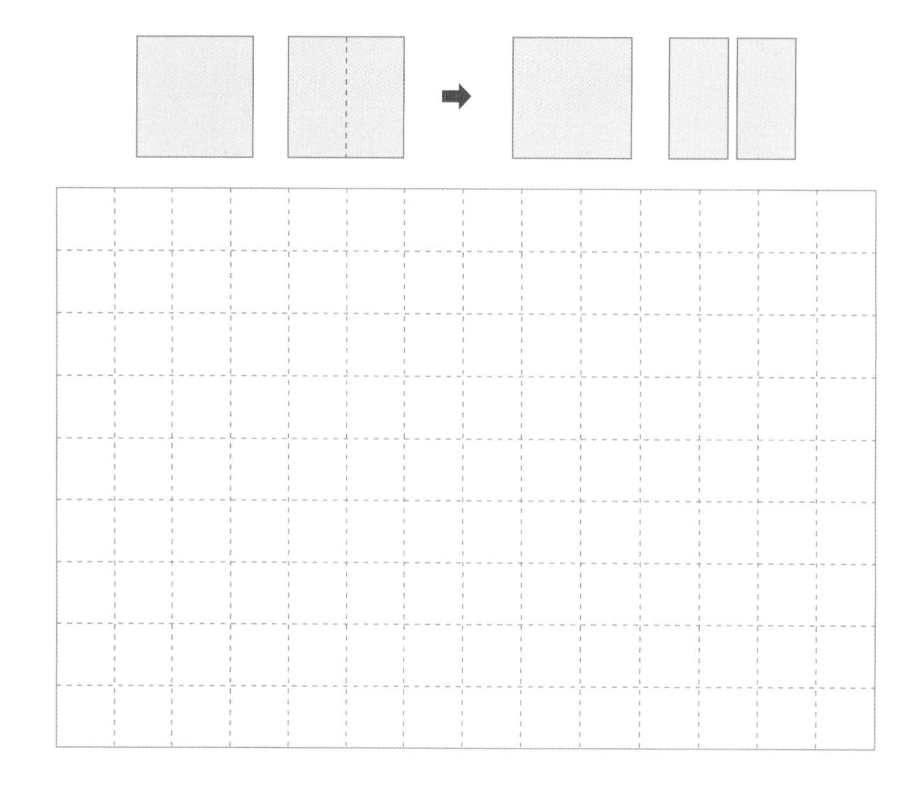

다음은 성냥개비 16개로 크기가 같은 정사각형 5개를 만든 것입니다. 두 그림에서 성냥개비를 2개씩만 옮겨서 같은 크기의 정사각형 4개로 만들어 보시오.

(1)

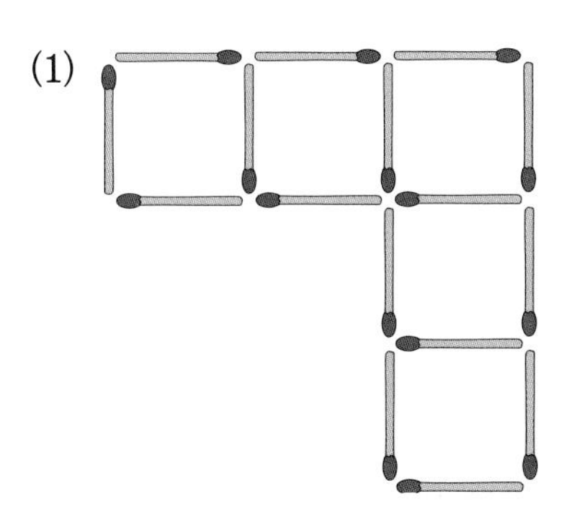

(2)

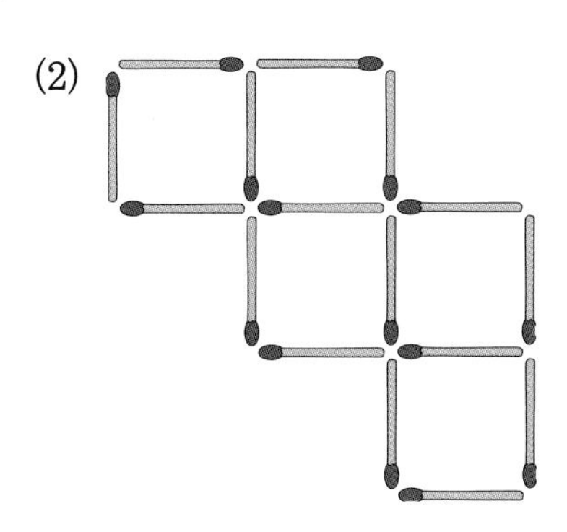

9개의 원 안에 1에서 9까지의 수를 한 번씩 써넣어서 한 직선 위에 있는 세 수의 합이 모두 같게 만들려고 합니다. 3가지 방법으로 만들어 보시오. (단, 한가운데의 원에 들어가는 수가 같으면 같은 방법입니다.)

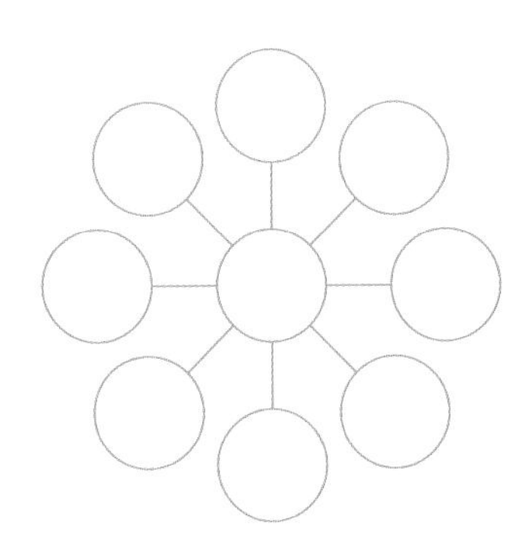

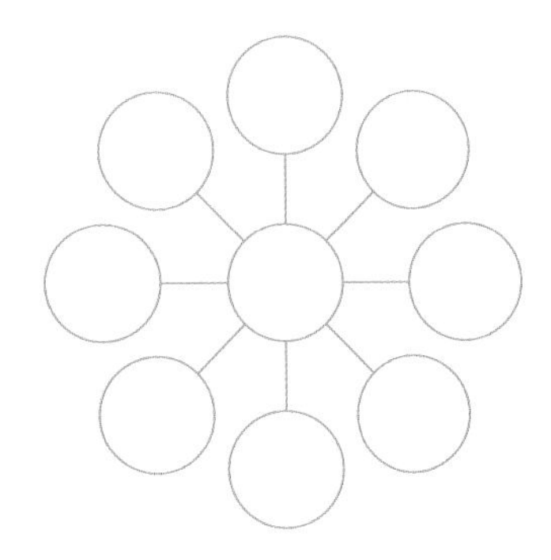

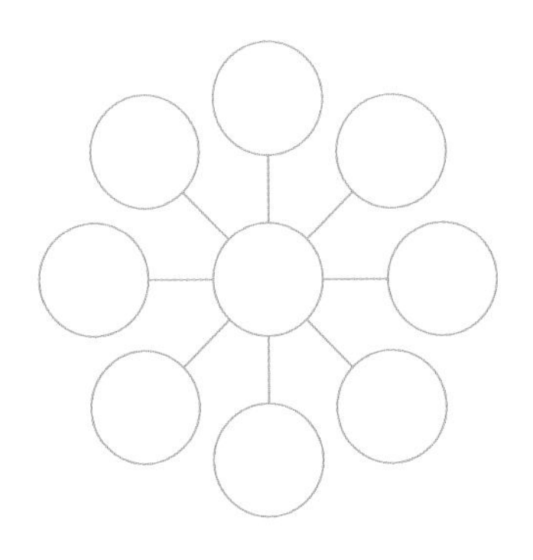

다음 왼쪽 그림은 정사각형 모양을 일곱 조각으로 나눈 것입니다. 이 조각들 중 여섯 조각을 사용하여 오른쪽 직사각형이 되도록 그려 보고, 사용하지 않은 조각의 번호를 쓰시오.

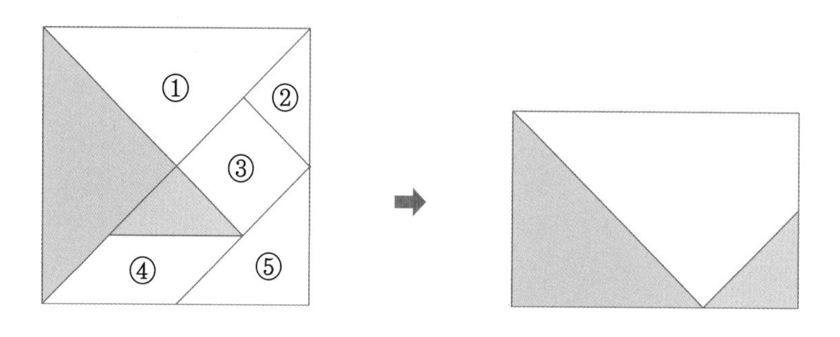

다음은 성냥개비 5개로 이등변삼각형을 만든 것입니다.

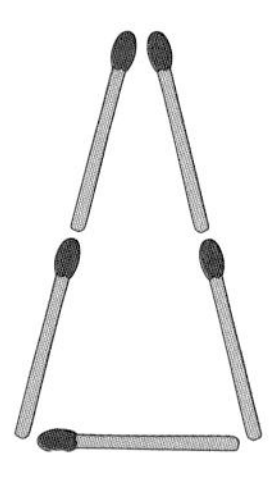

12개의 성냥개비를 모두 사용하여 여러 가지 이등변삼각형을 만들어 보시오.
단, 성냥개비를 겹치거나, 부러뜨려서는 안됩니다.

성호와 진우가 검은 바둑돌과 흰 바둑돌을 말판의 양쪽 끝에 놓고, 아래 |**규칙**|에 따라 게임을 합니다. 물음에 답하시오.

규칙

- 한 번에 한 칸씩 오른쪽 또는 왼쪽으로 움직입니다. 이때, 상대방의 돌에 겹치거나, 돌을 뛰어넘을 수 없습니다.
- 더 이상 움직일 수 없으면 집니다.

(1) 성호는 검은 바둑돌, 진우는 흰 바둑돌을 골랐습니다. 다음 말판에서 성호가 먼저 시작했다면 누가 이기게 됩니까?

(2) 다음 말판에서는 진우가 먼저 시작했습니다. 누가 이기게 됩니까?

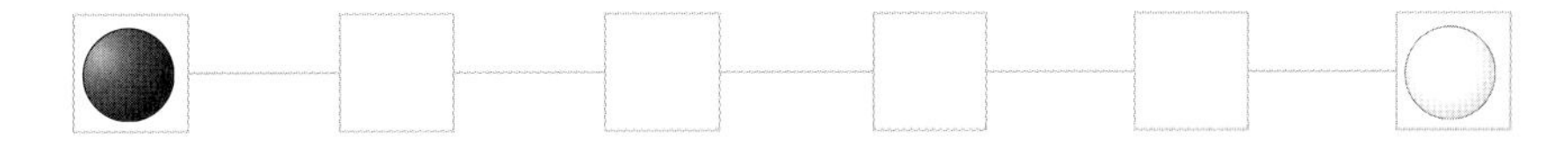

(3) 만일 말판의 칸의 개수가 100개이고, 진우가 먼저 시작했다면 성호와 진우 중 누가 이기게 됩니까?

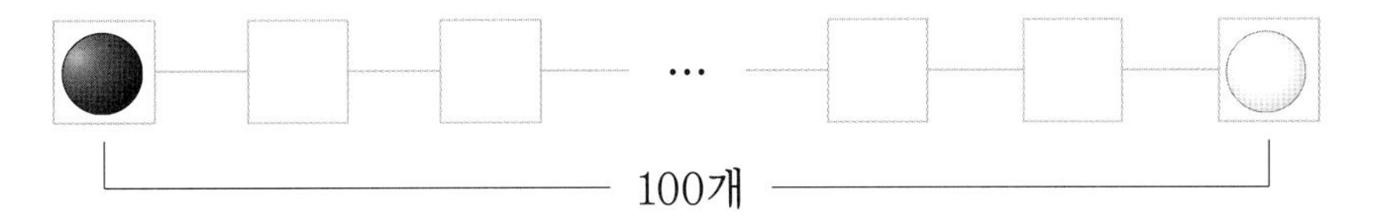

Memo

Ⅲ 기하

1. 사다리꼴의 개수

Free FACTO

직선 가와 나가 서로 평행할 때, 선을 따라 그릴 수 있는 서로 다른 사다리꼴은 모두 몇 개입니까?

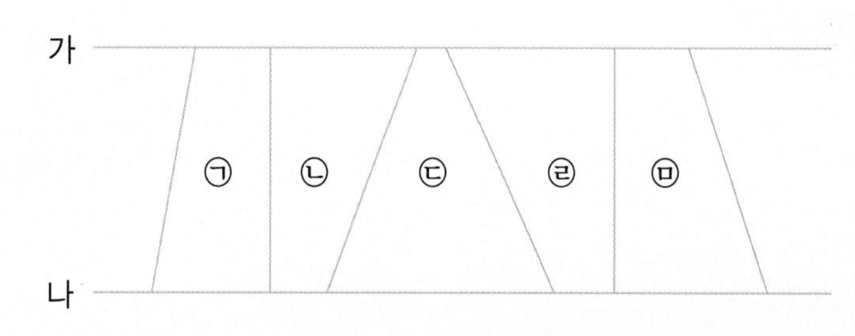

생각의 흐름

1 마주 보는 한 쌍의 변이 서로 평행한 사각형을 사다리꼴이라고 합니다. 따라서 사각형 ㉠, ㉡, ㉢, ㉣, ㉤은 모두 사다리꼴입니다. 이와 같이 작은 사다리꼴은 5개입니다.

2 (㉠+㉡)과 같이 작은 사다리꼴 2개가 붙은 사다리꼴의 개수를 구합니다.

3 작은 사다리꼴 3개, 4개, 5개가 붙은 사다리꼴의 개수를 구한 후 모두 더합니다.

LECTURE 도형의 개수

기준을 정하여 도형의 개수를 하나씩 세어 보면 규칙을 발견할 수 있습니다.

1 직사각형의 개수

- 작은 직사각형 1개로 이루어진 직사각형: 7개
- 작은 직사각형 2개로 이루어진 직사각형: 6개
- 작은 직사각형 3개로 이루어진 직사각형: 5개

⋮

- 작은 직사각형 7개로 이루어진 직사각형: 1개

➡ 직사각형의 개수: 7+6+5+4+3+2+1

2 다각형의 한 점에서 그을 수 있는 대각선의 개수

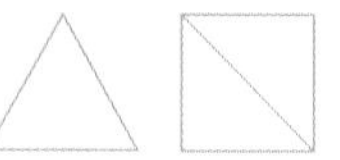 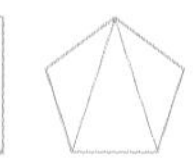 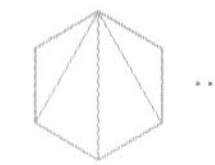 …

- 삼각형: 0개
- 사각형: 1개
- 오각형: 2개
- 육각형: 3개

⋮

➡ n각형: (n−3)개

그림과 같이 일직선 위에 6개의 점이 있습니다. 점을 이어 그을 수 있는 서로 다른 선분은 모두 몇 개입니까?

선분 위에 점이 0개, 1개, 2개, 3개, 4개 있는 선분의 개수를 차례로 구한 후 더합니다.

일정한 규칙으로 그림을 그립니다. 일곱째 번에 올 그림에서 찾을 수 있는 직각보다 작은 각의 개수를 구하시오.

각각의 경우에서 찾을 수 있는 각의 개수를 먼저 구한 후 규칙을 찾습니다.

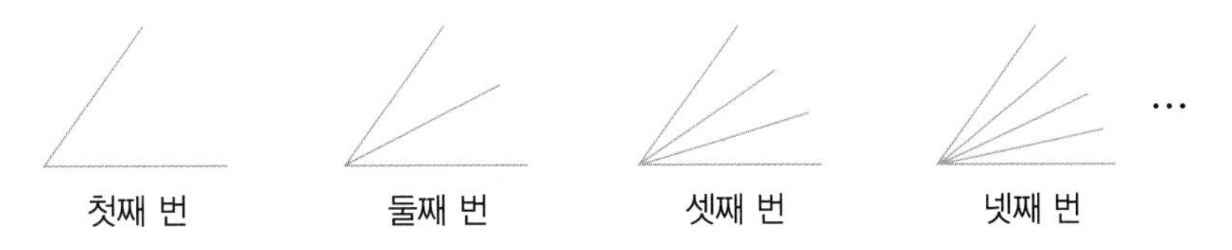

2. 사각형 벤 다이어그램

Free FACTO

평행사변형만 담을 수 있는 A 주머니가 있습니다. A 주머니 안에 들어 있는 사각형 중 직사각형은 B 주머니에, 마름모는 C 주머니에 다시 나누어 담으려고 합니다. 오른쪽 사각형들 중 A 주머니에는 들어 있지만, B, C 주머니 어디에도 넣을 수 없는 것을 고르시오.

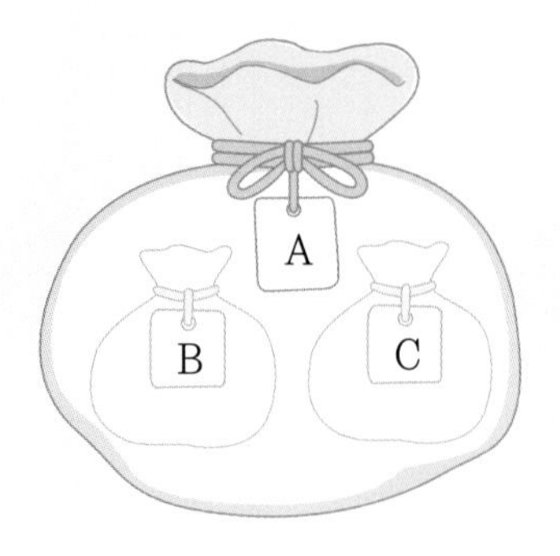

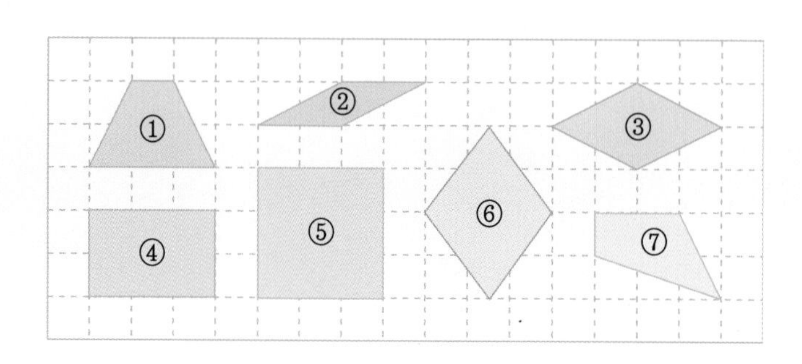

생각의 흐름

1 두 쌍의 마주 보는 변이 서로 평행한 사각형을 평행사변형이라고 합니다. 주어진 사각형 중 평행사변형을 모두 고릅니다.

2 고른 사각형 중 네 각이 모두 직각인 직사각형과 네 변의 길이가 같은 마름모를 뺍니다.

LECTURE 사각형 벤 다이어그램

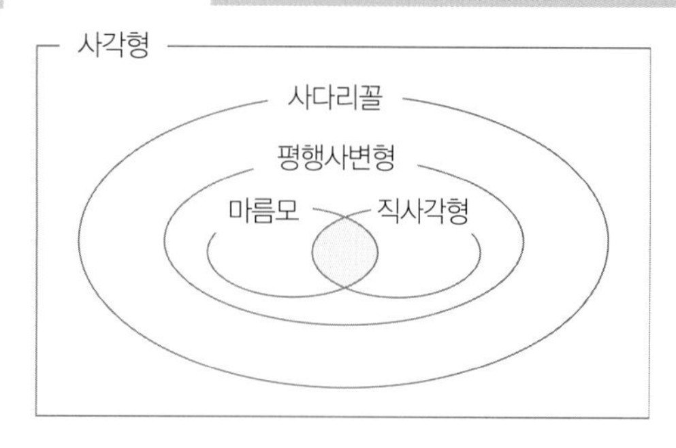

네 변의 길이가 같은 마름모의 성질과 네 각이 직각인 직사각형의 성질을 모두 만족하는 사각형은 정사각형입니다. (색칠된 부분)

다음 조건을 만족하는 도형을 그리시오. (3가지)

(1)

- 마주 보는 두 쌍의 변이 서로 평행한 사각형입니다.
- 두 대각선이 서로 수직으로 만납니다.

마주 보는 두 쌍의 변이 서로 평행한 사각형 중 두 대각선이 서로 수직으로 만나는 사각형은 마름모입니다.

(2)

- 네 변의 길이가 모두 다른 사각형입니다.
- 한 쌍의 마주 보는 변이 서로 평행합니다.

모든 조건을 만족하는 사각형을 하나씩 그려 봅니다.

3. 정사각형 그리기

Free FACTO

그림과 같이 일정한 간격으로 점이 찍혀 있습니다. 점을 이어 그릴 수 있는 서로 다른 정사각형을 모두 그리시오. (단, 돌리거나 겹쳐서 같은 모양은 한 가지로 봅니다.)

생각의 흐름

1 다음 세 선분을 한 변으로 하는 정사각형을 각각 그립니다.

2 다음 선분을 한 변으로 하는 정사각형을 각각 그립니다.

예제 01 점판 위에 선분 ㄱㄴ을 그었습니다. 점을 이어 선분 ㄱㄴ을 한 변으로 하는 정사각형과 크기가 같은 정사각형을 그리려고 합니다. 모두 몇 개 그릴 수 있는지 구하시오.

ㄱ

ㄴ

그림과 같이 일정한 간격으로 점이 찍혀 있습니다. 점을 이어 그릴 수 있는 서로 다른 정사각형을 모두 그리시오.

정사각형의 한 변의 길이가 될 수 있는 선분을 찾습니다.

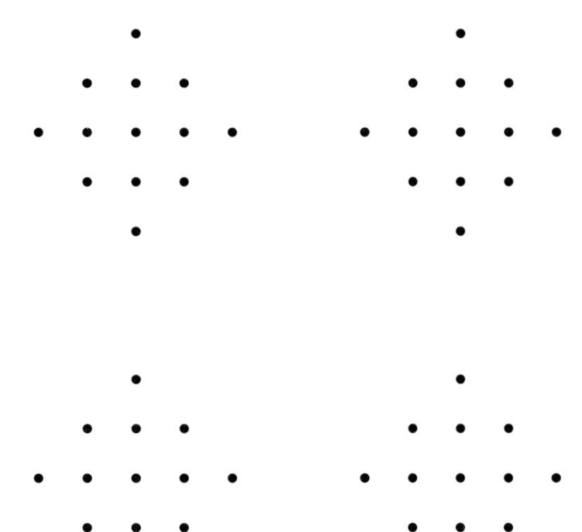

LECTURE 정사각형 그리기

일정한 간격으로 찍혀 있는 점을 이어 정사각형을 빠짐없이 만들어 봅시다.

① 가로로 평행한 선분을 차례로 긋고, 각각을 한 변으로 하는 정사각형을 그려 봅니다.

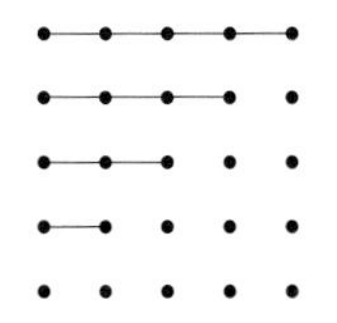

② 점을 이어 45° 기울어진 선분을 긋고, 각각을 한 변으로 하는 정사각형을 그립니다.

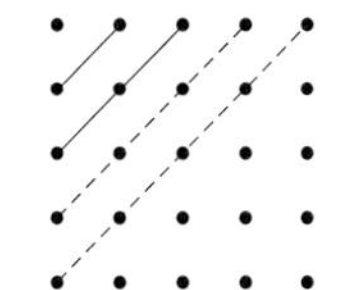

③ 지금까지 그리지 않은 길이의 선분을 긋고, 각각을 한 변으로 하는 정사각형을 그릴 수 있는지 확인합니다.

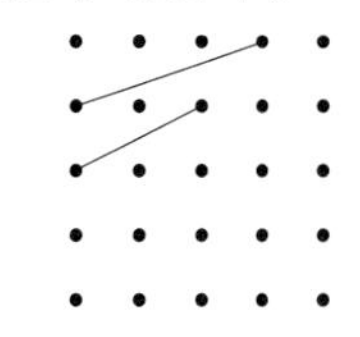

그림에서 선을 따라 그릴 수 있는 사각형은 모두 몇 개입니까?

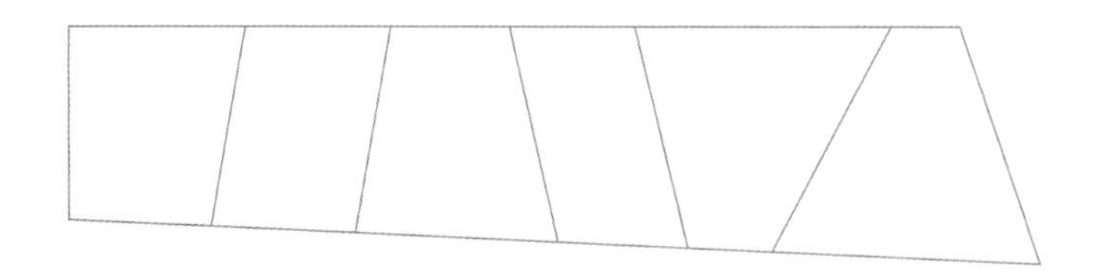

KeyPoint

작은 사각형 1개, 2개, 3개, …, 6개로 이루어진 사각형의 개수를 각각 구합니다.

선분 ㄱㄴ과 ㄷㄹ이 점 ㅁ에서 만납니다. 그림에서 찾을 수 있는 서로 다른 선분은 모두 몇 개입니까?

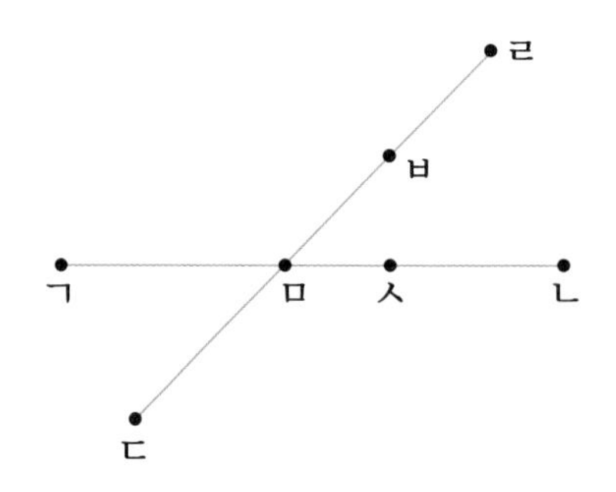

KeyPoint

선분 위의 점의 개수에 따라 선분의 종류를 나누어 그 개수를 각각 구합니다.

직선 4개가 일정한 각을 이루며 한 점에서 만났습니다. 그림에서 찾을 수 있는 둔각의 개수를 구하시오.

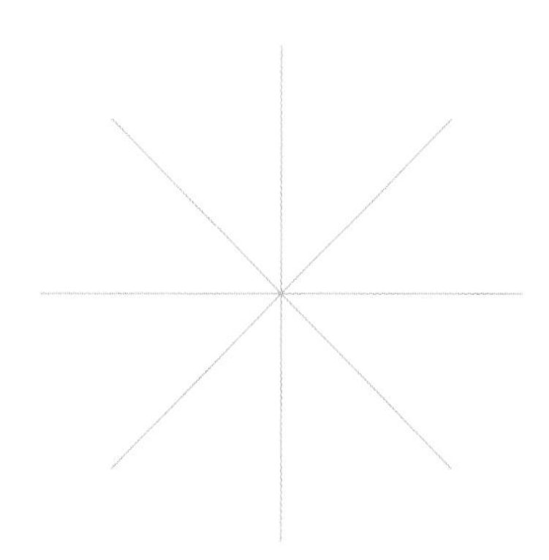

KeyPoint
90° 보다 크고 180° 보다 작은 각을 둔각이라고 합니다.

세 명의 친구들이 이야기하고 있는 도형의 이름을 쓰시오.

현수: 변이 4개, 각이 4개 있어.
상윤: 마주 보는 두 개의 각은 둔각이고, 나머지 두 개의 각은 예각이야.
도희: 대각선이 서로 수직으로 만나.

KeyPoint
네 변의 길이가 모두 같은 사각형 중에 생각해 봅니다.

점을 이어 그릴 수 있는 정사각형은 모두 몇 개입니까?

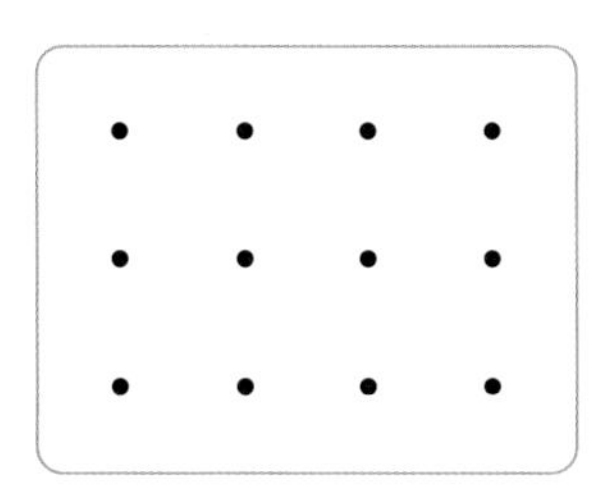

KeyPoint

그릴 수 있는 정사각형의 종류를 먼저 생각합니다.

다음 그림에서 직사각형은 모두 몇 개입니까?

KeyPoint

작은 직사각형 1개, 2개, 3개, 4개로 이루어진 직사각형의 개수를 각각 구합니다.

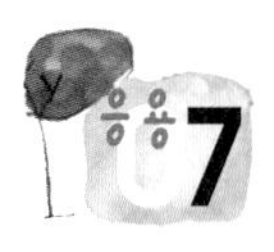

점을 이어 그릴 수 있는 서로 다른 크기의 직사각형을 모두 그리시오.

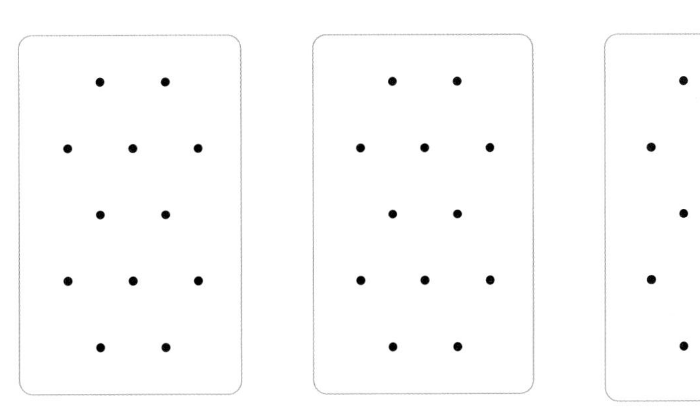

점을 이어 그릴 수 있는 정사각형은 모두 몇 가지입니까? (단, 넓이가 같은 정사각형은 서로 같은 것으로 봅니다.)

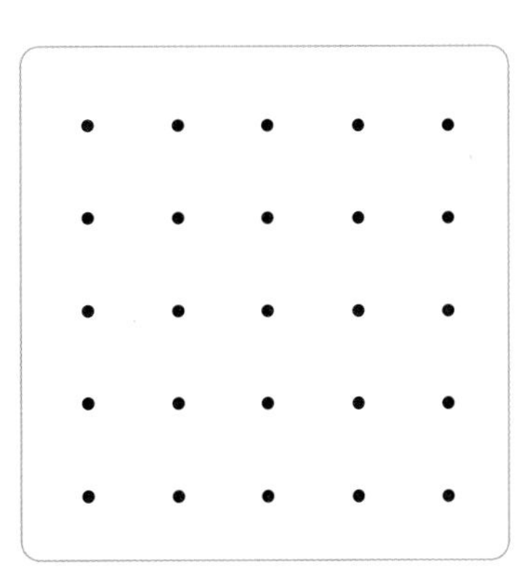

4. 정사각형의 개수

Free FACTO

그림과 같이 색종이를 두 번 접었다 펴면 접힌 선과 색종이의 둘레를 따라 5개의 정사각형을 그릴 수 있습니다. 같은 방법으로 색종이를 4번 접었다 폈을 때, 선을 따라 그릴 수 있는 정사각형은 모두 몇 개인지 구하시오.

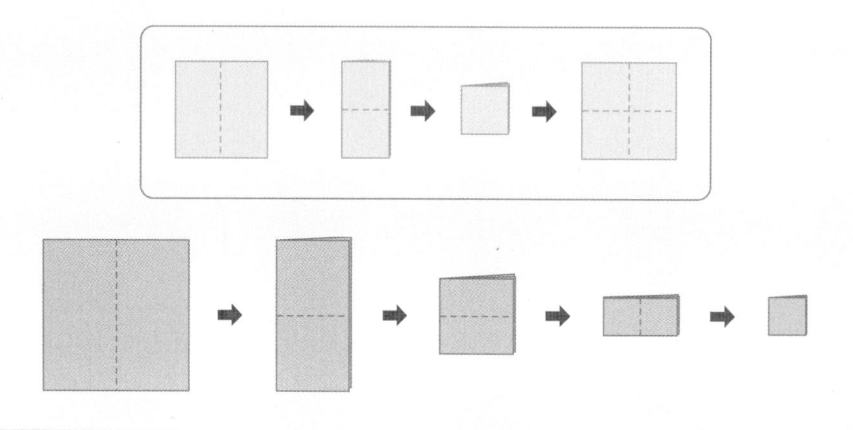

생각의 흐름

1 접은 종이를 펼쳤을 때의 모양을 그립니다.

2 선을 따라 그릴 수 있는 가장 작은 정사각형의 넓이를 1이라고 할 때, 그릴 수 있는 정사각형의 넓이를 모두 구합니다.

3 넓이가 1인 정사각형부터 각각 몇 개씩 그릴 수 있는지 구합니다.

LECTURE 정사각형의 개수

각각의 그림에서 선을 따라 그릴 수 있는 정사각형의 개수의 규칙을 살펴봅니다.

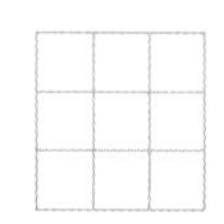

종류	1×1	2×2	3×3	합계
개수	9개 (3×3)	4개 (2×2)	1개 (1×1)	14개 (9+4+1)

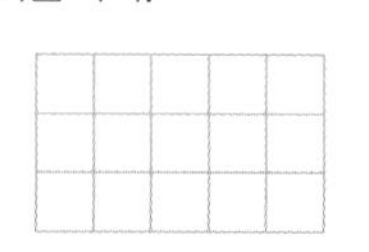

종류	1×1	2×2	3×3	합계
개수	15개 (5×3)	8개 (4×2)	3개 (3×1)	26개 (15+8+3)

성냥개비로 오른쪽과 같은 모양을 만들었습니다. 그림에서 찾을 수 있는 정사각형은 모두 몇 개입니까?

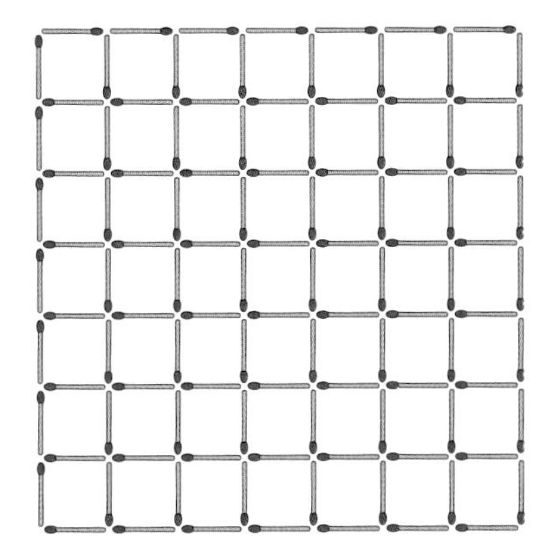

종류별로 나누어 각각의 개수를 구한 후 더합니다.

성냥개비로 다음과 같은 모양을 만들었습니다. 물음에 답하시오.

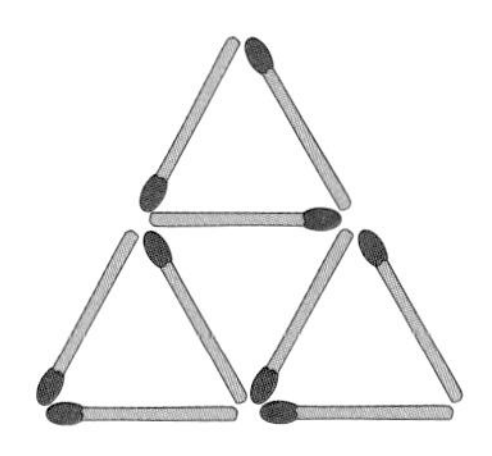

(1) 그림에서 찾을 수 있는 삼각형은 모두 몇 개입니까?

(2) 성냥개비 2개를 옮겨 정삼각형이 4개뿐인 모양을 만들려고 합니다. 그 방법을 설명하시오.

작은 정삼각형 4개만 남도록 만듭니다.

5. 규칙 찾아 도형의 개수 세기

Free FACTO

다음과 같은 규칙으로 도형을 그립니다. 다섯째 번 도형에서 선을 따라 그릴 수 있는 다각형의 종류와 개수를 구하시오.

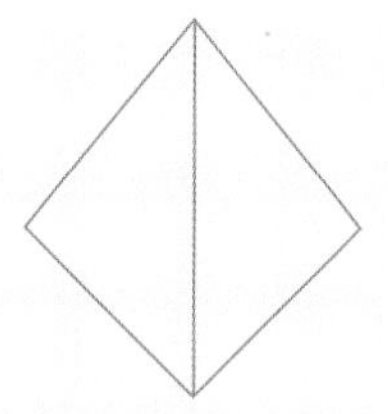 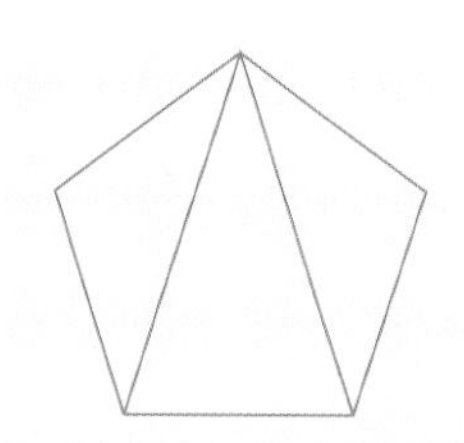 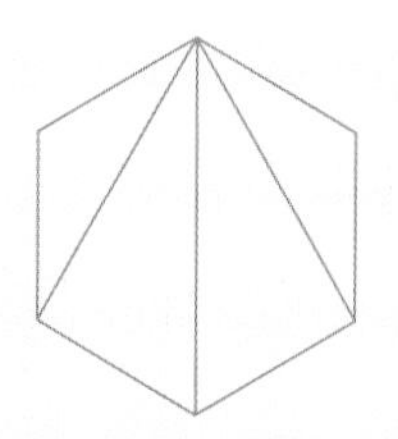 …

생각의 흐름

1 첫째 번, 둘째 번 그림에서 찾을 수 있는 다각형과 그 개수는 각각 (사각형 1개, 삼각형 2개), (오각형 1개, 사각형 2개, 삼각형 3개)입니다. 셋째 번 그림에서 찾을 수 있는 다각형의 종류와 각각의 개수를 찾아봅니다.

2 1에서 찾은 다각형의 종류와 개수의 규칙을 찾습니다.

3 다섯째 번 도형에서 찾을 수 있는 다각형의 종류와 그 개수를 구합니다.

LECTURE 대각선

다각형에서 이웃하지 않은 두 꼭짓점을 연결한 선을 대각선이라고 합니다. 다각형에서 대각선의 개수는 다음과 같이 규칙을 찾아 구할 수 있습니다.

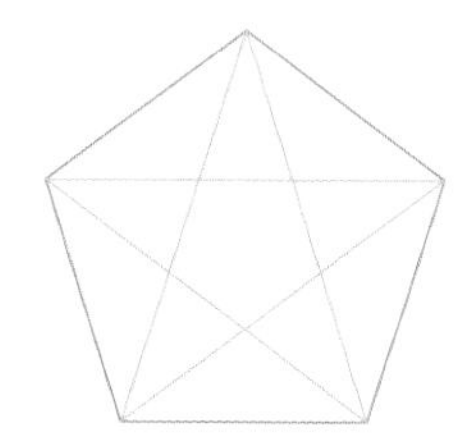

(한 꼭짓점에서 그을 수 있는 대각선의 개수)×(꼭짓점의 개수)÷2

- 한 점에서 그을 수 있는 대각선의 개수 : 2개
- 꼭짓점의 개수 : 5개
- 각각 2번씩 그려진 것과 같으므로 반으로 나눕니다.

따라서 (오각형의 대각선의 개수)=2×5÷2=5(개)입니다.

꼭짓점과 변의 개수가 각각 20개인 이십각형의 대각선의 개수를 구하려고 합니다. 물음에 답하시오.

(1) 다음 표를 채우고, 한 꼭짓점에서 그을 수 있는 대각선의 개수를 다각형의 변의 개수를 사용한 식으로 나타내시오.

다각형	삼각형	사각형	오각형	육각형	칠각형
변의 개수	3	4			
한 꼭짓점에서 그을 수 있는 대각선의 개수	0	1			

(한 꼭짓점에서 그을 수 있는 대각선의 개수)=(변의 개수)－☐

(2) 이십각형의 한 꼭짓점에서 그을 수 있는 대각선의 개수를 구하시오.

(3) 이십각형의 각 꼭짓점에서 그을 수 있는 대각선의 개수의 합을 구하시오.

(4) 이십각형의 대각선의 개수를 구하시오.

(3)에서 구한 값은 모든 대각선을 두 번씩 센 값입니다.

6. 점을 이어 만든 삼각형의 개수

Free FACTO

원 위에 그림과 같이 ㄱ, ㄴ, ㄷ, ㄹ, ㅁ 5개의 점이 있습니다. 점을 이어 만들 수 있는 서로 다른 삼각형은 모두 몇 개입니까?

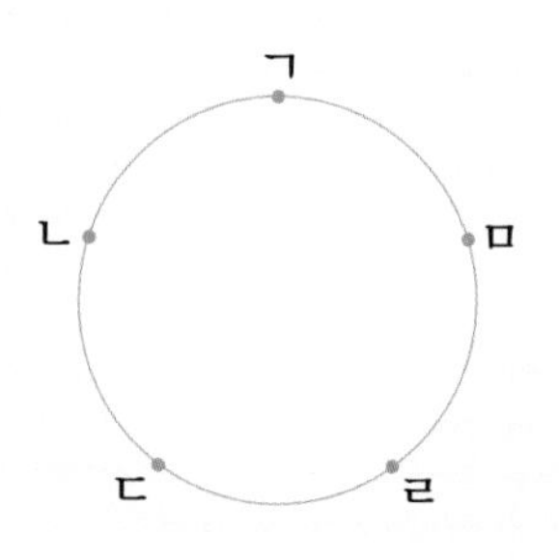

생각의 흐름

1 점 ㄱ을 뺀 나머지 4개의 점 중 2개를 골라 만들 수 있는 선분의 개수를 구합니다.

2 1에서 만든 선분과 점 ㄱ을 이으면 삼각형이 만들어집니다. 점 ㄱ과 1에서 만든 선분을 이어 만들 수 있는 삼각형의 개수를 구합니다.

3 위와 같은 방법으로 점 ㄴ, ㄷ, ㄹ, ㅁ과 선분을 이어 만들 수 있는 삼각형의 개수를 각각 구합니다.

4 삼각형 ㄱㄴㄷ은 점 ㄱ과 선분 ㄴㄷ, 점 ㄴ과 선분 ㄱㄷ, 점 ㄷ과 선분 ㄱㄴ에서 모두 세 번 구해졌습니다. 따라서 3까지 구한 삼각형의 개수의 합을 3으로 나누면 점을 이어 만들 수 있는 삼각형의 개수가 됩니다.

LECTURE 삼각형의 개수

원 위에 일정한 간격으로 찍힌 점을 이어 만든 삼각형의 개수는 다음과 같이 구할 수 있습니다.

(1) 점 하나를 제외하고 그을 수 있는 선분의 개수를 구합니다.

(2) 점의 개수와 (1)에서 구한 개수를 곱합니다.

(3) (2)와 같이 구한 값은 그림과 같이 하나의 삼각형을 3번씩 센 것과 같으므로 (2)에서 구한 값을 3으로 나눕니다.

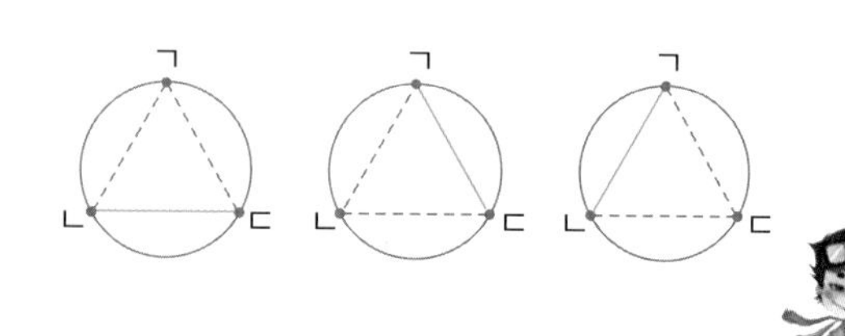

그림과 같이 원 위에 일정한 간격으로 6개의 점이 찍혀 있습니다. 점을 이어 만들 수 있는 삼각형은 모두 몇 개입니까?

➲ 한 점을 제외한 나머지 점을 이어 만들 수 있는 선분의 개수를 구합니다.

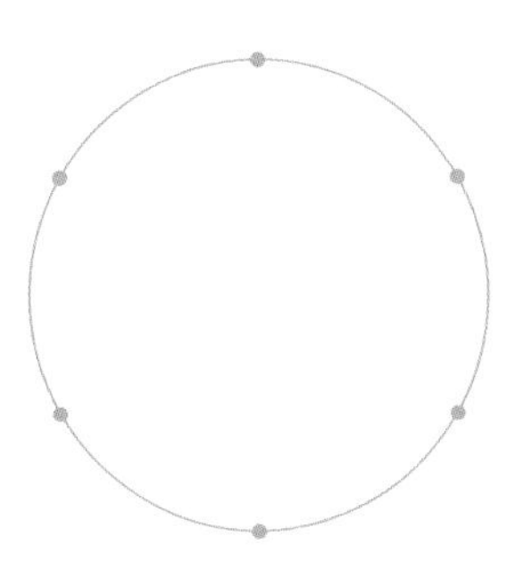

일정한 간격으로 점이 찍혀 있습니다. 점을 이어 그릴 수 있는 직각삼각형은 모두 몇 개입니까?

➲ 점을 이어 그릴 수 있는 직각삼각형의 종류를 모두 찾고, 각각 몇 개씩 그릴 수 있는지 구합니다.

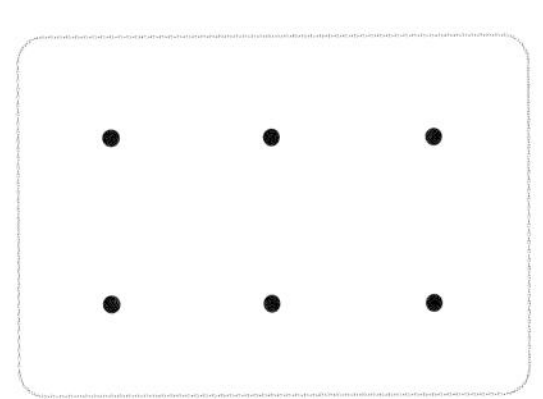

Creative 팩토

그림에서 선을 따라 그릴 수 있는 크고 작은 정사각형은 모두 몇 개입니까?

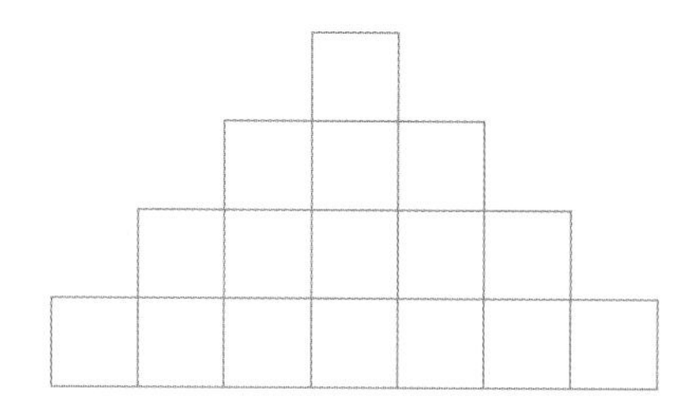

Key Point

그릴 수 있는 정사각형의 종류를 구합니다.

원 위에 5개의 점이 일정한 간격으로 찍혀 있습니다. 점을 이어 그릴 수 있는 이등변삼각형은 모두 몇 개입니까?

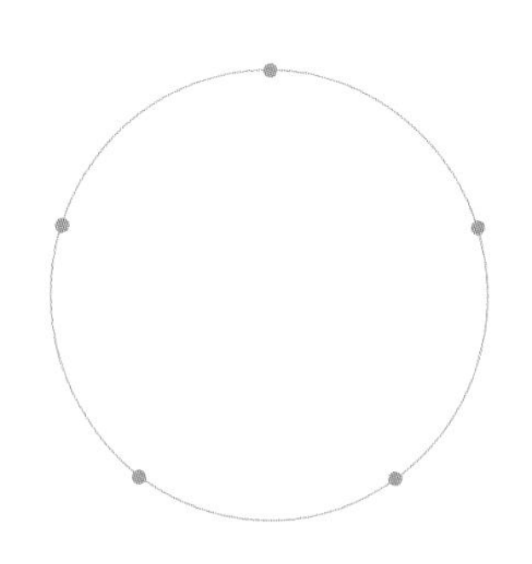

Key Point

원 위에 일정한 간격으로 찍혀 있는 5개의 점 중에서 어느 세 점을 이어도 이등변삼각형이 됩니다.

성냥개비 16개로 다음과 같이 만들었습니다. 크고 작은 정사각형은 모두 몇 개입니까?

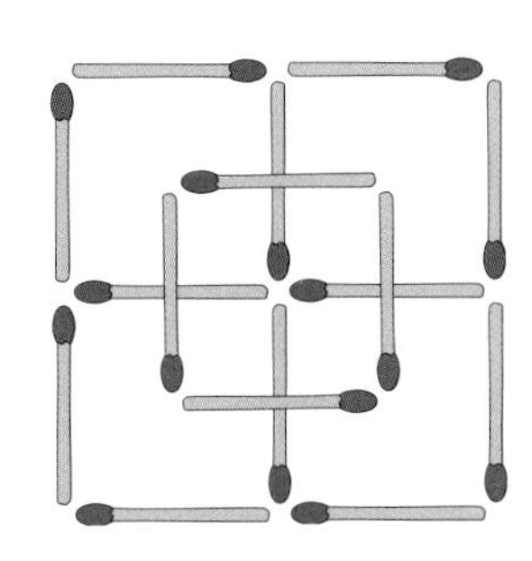

KeyPoint

서로 다른 3가지의 정사각형이 있습니다.

선을 따라 그릴 수 있는 크고 작은 사각형은 모두 몇 개입니까?

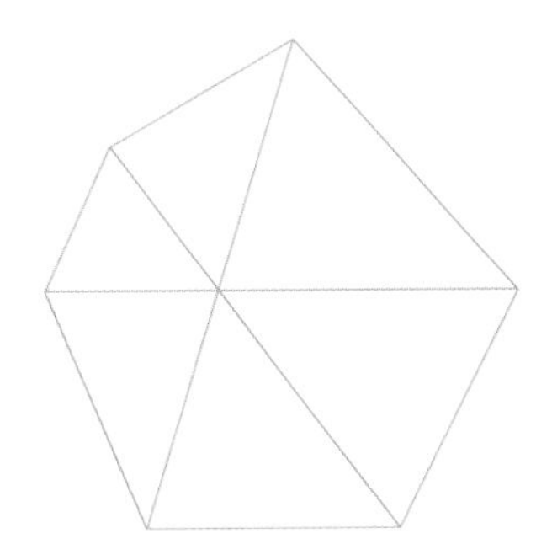

KeyPoint

삼각형 2개, 3개로 이루어진 사각형의 개수를 나누어서 셉니다.

다음과 같은 규칙으로 그림을 그릴 때, 일곱째 번 그림에서 선을 따라 그릴 수 있는 삼각형의 개수를 구하시오.

첫째 번

둘째 번

셋째 번

넷째 번

…

성냥개비로 다음과 같은 모양을 만들었습니다. 물음에 답하시오.

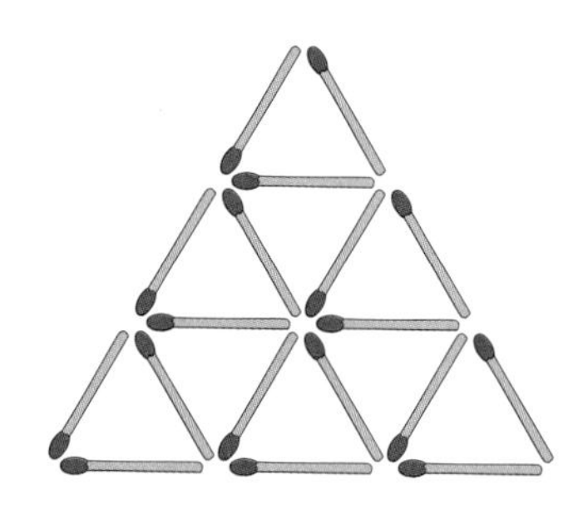

(1) 크고 작은 정삼각형은 모두 몇 개입니까?

(2) 성냥개비 3개를 빼내어 정삼각형 6개만 남도록 만들어 보시오.

그림과 같이 일정한 간격으로 점이 찍혀 있습니다. 점을 이어 만들 수 있는 정삼각형의 개수를 구하려고 합니다. 물음에 답하시오.

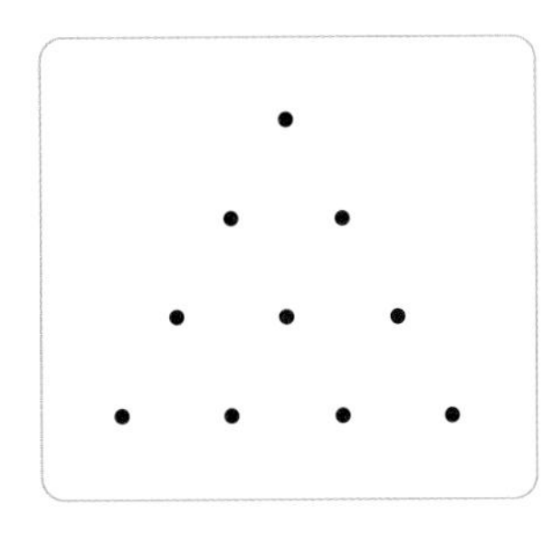

(1) 점을 이어 그릴 수 있는 서로 다른 크기의 정삼각형을 모두 그리시오.

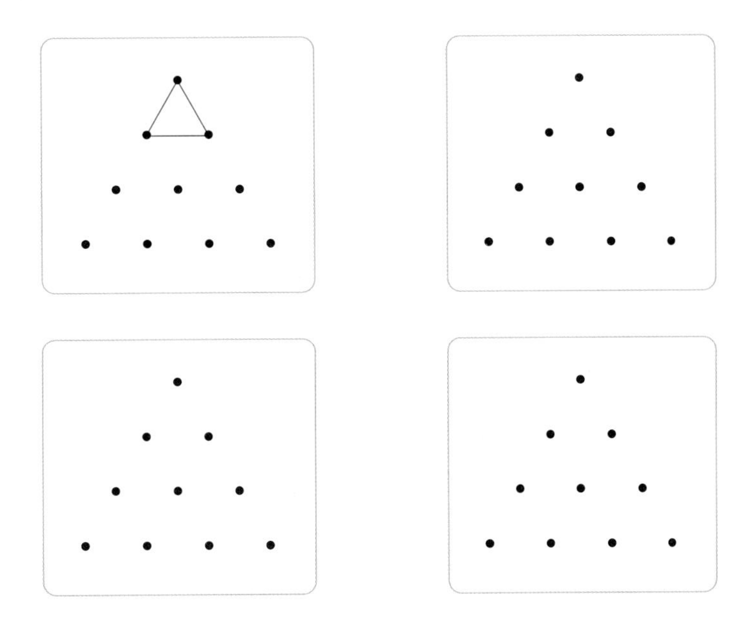

(2) (1)에서 찾은 정삼각형은 각각 몇 개씩 그릴 수 있습니까?

(3) 정삼각형은 모두 몇 개입니까?

Thinking 팩토

선을 따라 그릴 수 있는 정사각형의 개수를 구하시오.

성냥개비 3개를 옮겨 크고 작은 정삼각형이 5개인 도형을 만드시오.

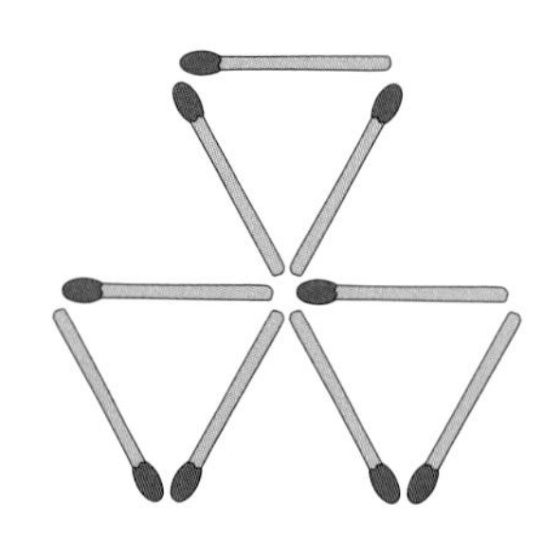

원 위에 일정한 간격으로 12개의 점을 찍었습니다. 점을 이어 만들 수 있는 정삼각형은 모두 몇 개입니까?

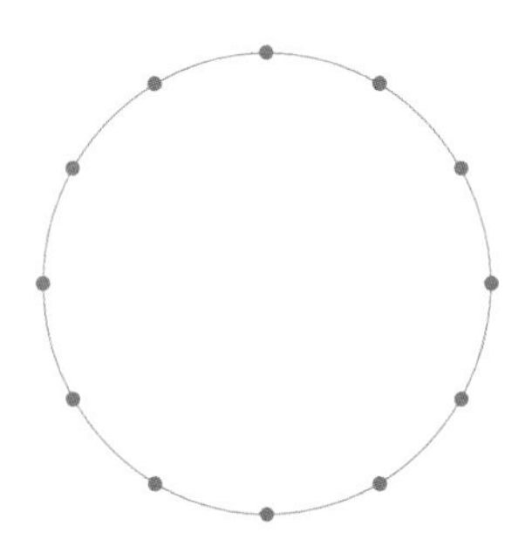

그림과 같이 색종이를 세 번 접었다 펼칩니다. 접힌 선과 정사각형의 네 변을 따라 그릴 수 있는 직각삼각형은 모두 몇 개입니까?

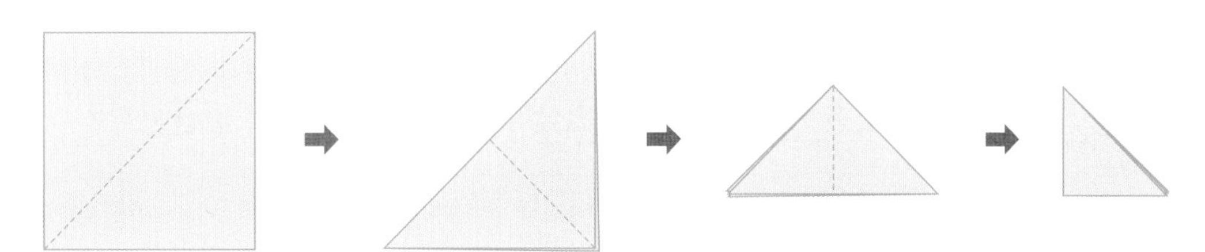

일정한 간격으로 9개의 점이 있습니다. 세 점을 이어 만들 수 있는 이등변삼각형의 개수를 구하려고 합니다. 물음에 답하시오.

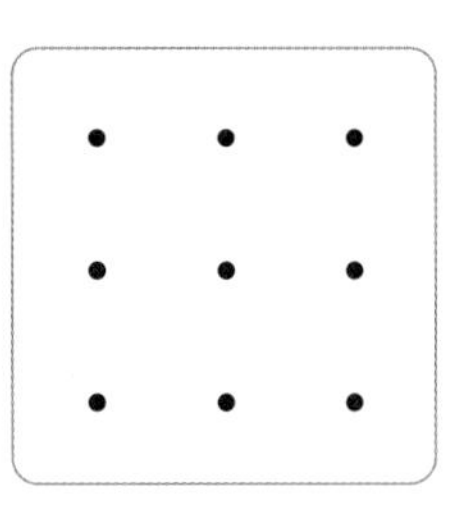

(1) 서로 다른 이등변삼각형을 모두 그리시오.

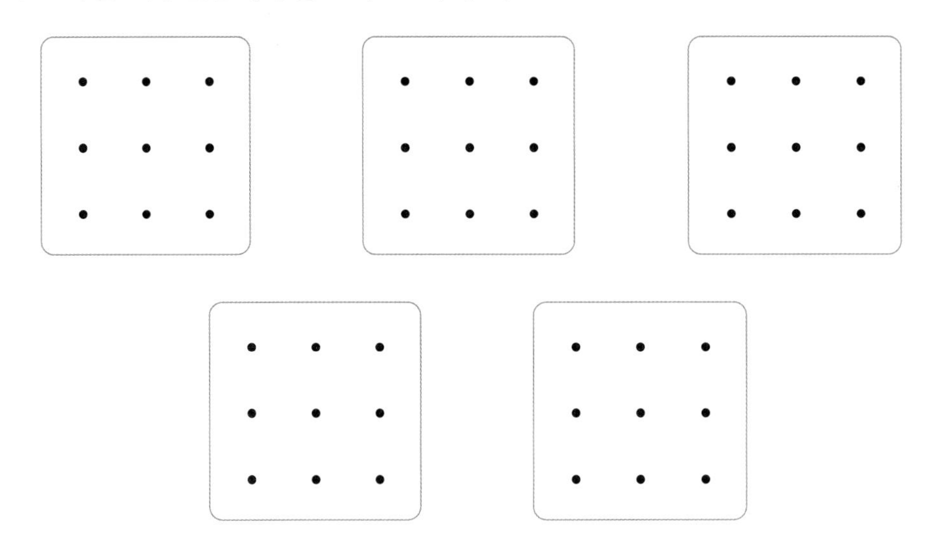

(2) (1)에서 찾은 서로 다른 이등변삼각형은 각각 몇 개씩 있습니까?

(3) 이등변삼각형은 모두 몇 개입니까?

다음과 같은 규칙으로 그릴 때, 5단계 그림에서 찾을 수 있는 크고 작은 삼각형과 사각형의 개수를 구하려고 합니다. 물음에 답하시오.

1단계

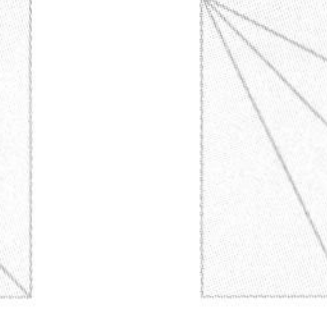
2단계

3단계

…

(1) 각 단계에서 찾을 수 있는 삼각형과 사각형의 개수를 구하시오.

	1단계	2단계	3단계	…
삼각형의 개수	2	6 (2+4)		
사각형의 개수	1			

(2) 단계가 늘어남에 따라 삼각형과 사각형의 개수는 어떻게 변합니까?

(3) 5단계에서 찾을 수 있는 삼각형과 사각형은 각각 몇 개입니까?

Memo

Ⅳ 규칙찾기

1. 도형 유추

Free FACTO

도형 사이의 관계를 보고, 빈칸에 알맞은 모양을 그리시오.

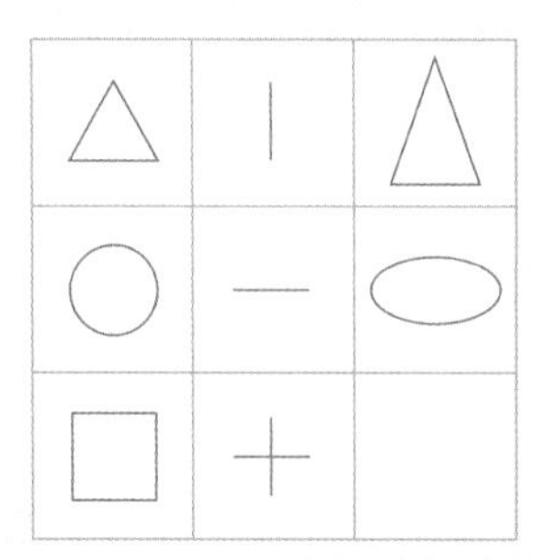

생각의 흐름
1 가로 방향으로 놓여 있는 3개의 도형을 보고 규칙을 찾아봅니다.
2 첫째 칸에 있는 도형을 둘째 칸에 있는 도형과 연관지어 셋째 칸에 오는 도형을 추측하여 봅니다.

LECTURE 도형 유추

주어진 도형을 보고, 도형 사이의 관계를 찾아 그 다음 도형이 어떻게 될지 추리하는 것을 도형 유추라 합니다. 다음은 대표적인 도형의 관계입니다.

1 대칭 또는 회전

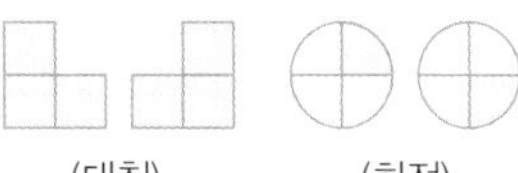

(대칭) (회전)

2 반전

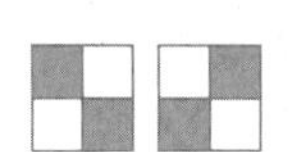

(흰색과 검은색이 서로 바뀝니다.)

3 결합 또는 분리

(두 모양이 합쳐집니다.)

4 확대 또는 축소

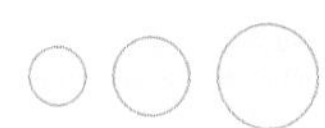

(오른쪽으로 갈수록 확대됩니다.)

이 외에도 여러 가지 도형의 관계가 있을 수 있고, 이러한 관계가 혼합되어 나올 수도 있습니다.
이와 같은 문제는 아이큐 검사에도 자주 나옵니다.

주어진 도형 사이의 관계를 찾아내야 하는데, 우선 도형이 대칭, 회전, 반전, 결합, 확대되는지 살펴보아야 해.

다음 빈칸에 알맞은 모양을 그리시오.

양쪽 두 모양과 가운데 모양 사이에 어떤 관계가 있는지 생각해 봅니다.

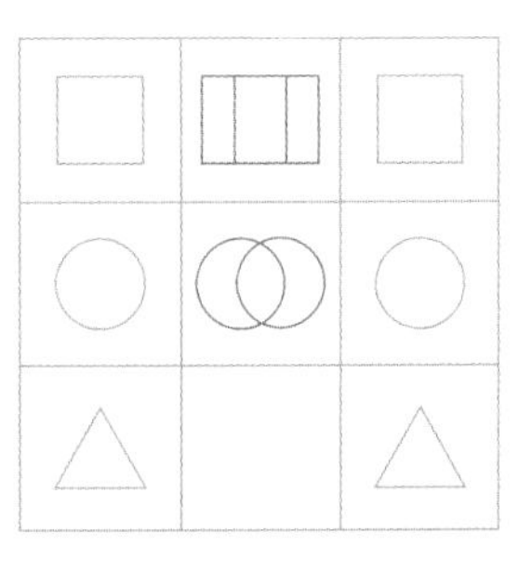

?에 알맞은 모양을 그리시오.

그림을 겹쳐서 생각해 봅니다.

+ =

+ = ?

2. 패턴

Free FACTO

다음은 일정한 규칙에 따라 색칠한 것입니다. 아홉째 번에 나오는 모양을 완성하시오.

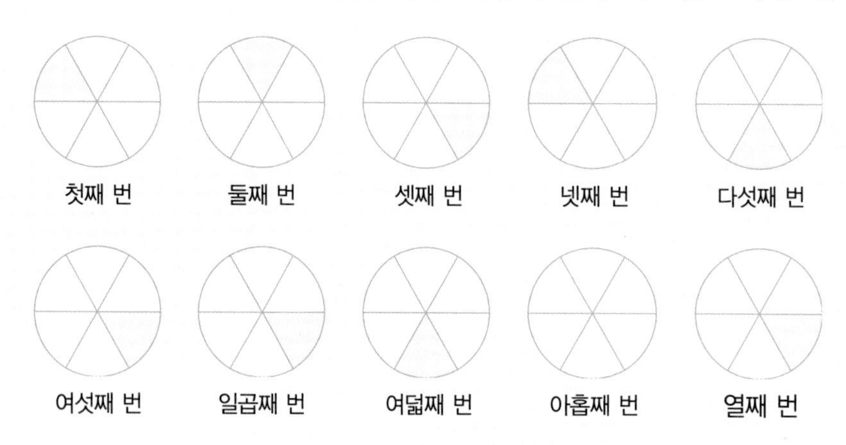

생각의 흐름

1 칠해진 부분이 시계 방향으로 몇 칸씩 이동하는지 찾아봅니다.

2 이동하는 칸 수가 증가하는 규칙을 찾습니다.

3 아홉째 번에 들어갈 모양을 그립니다.

LECTURE 여러 가지 패턴

대표적인 패턴을 정리해 보면 다음과 같습니다.

1 모양이 반복되어 나오는 패턴

□△○□△○□△○

2 개수가 증가하거나 감소하는 패턴

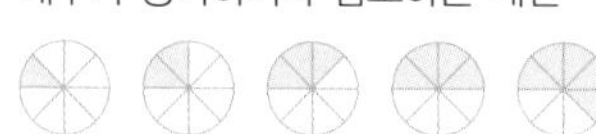

3 칠해진 부분이 회전하는 패턴

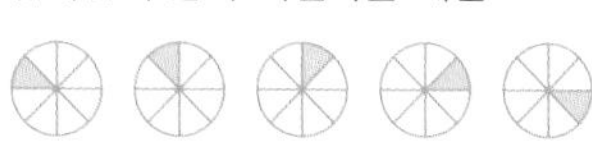

4 반전을 포함하는 패턴

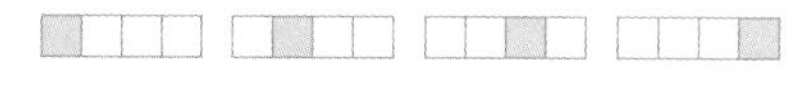

5 여러 가지 패턴이 함께 나오는 경우

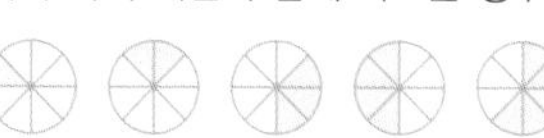

다음은 색칠된 정사각형이 규칙에 따라 움직이는 모양을 나타낸 것입니다. 일곱째 번 그림을 완성하시오.

칠해진 부분이 어느 방향으로 움직이는지 생각해 봅니다.

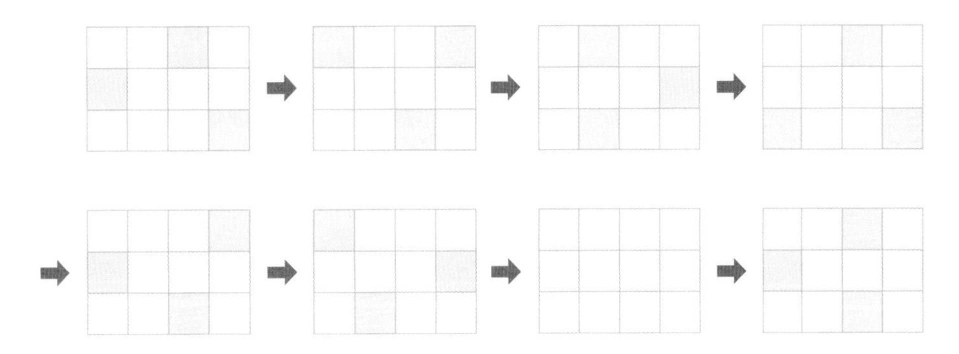

다음 그림은 일정한 규칙에 따라 도형들을 나열한 것입니다. ㉮에 들어갈 도형 2개를 그리시오.

각 칸의 왼쪽과 오른쪽의 도형이 각각 어느 방향으로 움직이는지 생각해 봅니다.

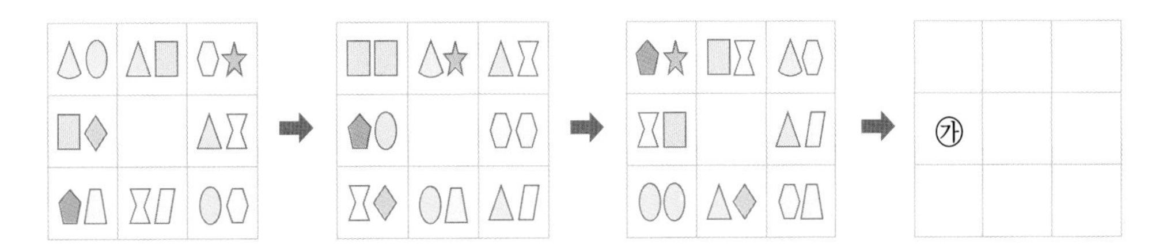

3. 도형 개수의 규칙

Free FACTO

바둑돌을 다음과 같은 규칙으로 놓을 때, 열째 번에 놓인 바둑돌은 모두 몇 개입니까?

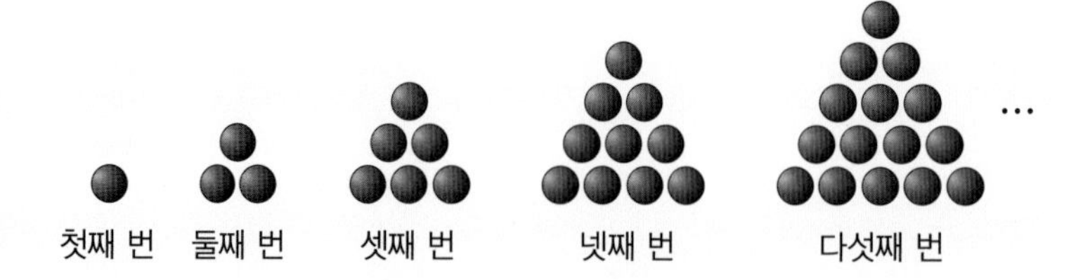

생각의 흐름

1 바둑돌의 개수가 늘어나는 규칙을 찾아봅니다.

2 열째 번 그림의 가장 아랫줄에 몇 개의 바둑돌이 놓이는지 생각해 봅니다.

3 열째 번에 놓인 바둑돌의 개수를 구합니다.

LECTURE 삼각수

'모든 것은 수'라고 굳게 믿었던 고대 그리스의 수학자이자 철학자 피타고라스는 수는 일정한 크기를 갖는 것이라 생각했습니다. 즉, 모양을 갖는다고 생각한 것입니다. 그 예로 삼각수라는 것이 있습니다.

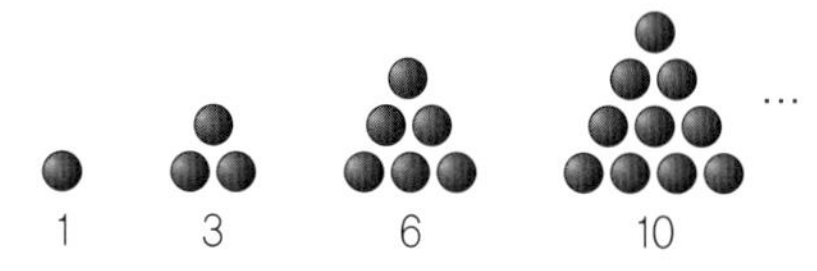

삼각수라는 것은 그림과 같이 일정한 크기의 ● 를 정삼각형 꼴로 나타낼 수 있는 수를 가리킵니다.
따라서 삼각수는 차례로 다음과 같습니다.

$1=1,\ 3=1+2,\ 6=1+2+3,\ 10=1+2+3+4,\ \cdots$

다음과 같은 규칙으로 바둑돌을 놓을 때, 아홉째 번에는 몇 개의 바둑돌이 필요합니까?

바둑돌을 정사각형 모양으로 놓아 보고, 한 줄에 몇 개씩 들어가는지 세어 봅니다.

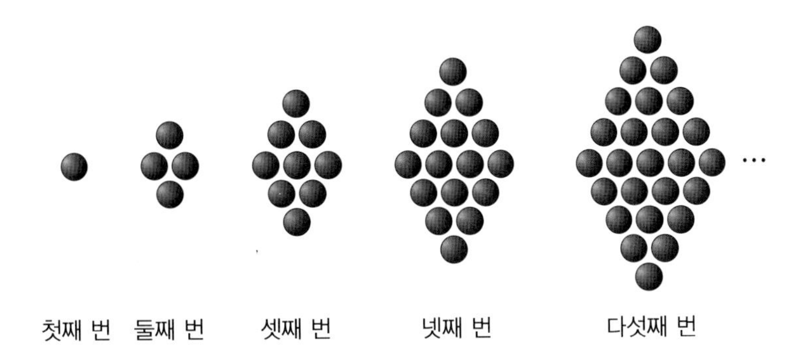

다음과 같은 규칙으로 쌓기나무를 쌓을 때, 열째 번에는 모두 몇 개의 쌓기나무가 필요합니까?

쌓기나무가 늘어나는 규칙을 찾아봅니다.

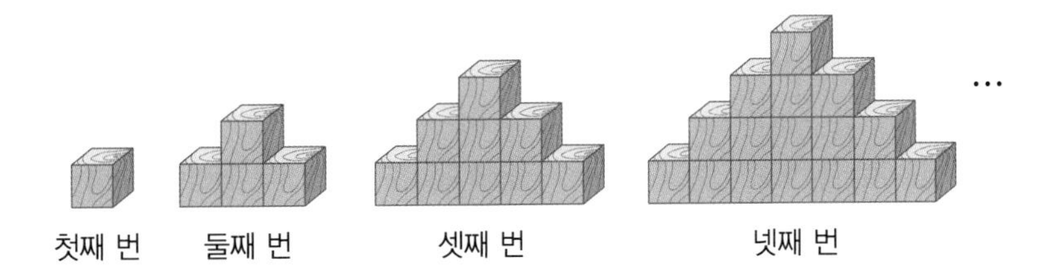

Creative 팩토

규칙을 찾아 빈칸에 알맞은 도형을 그리시오.

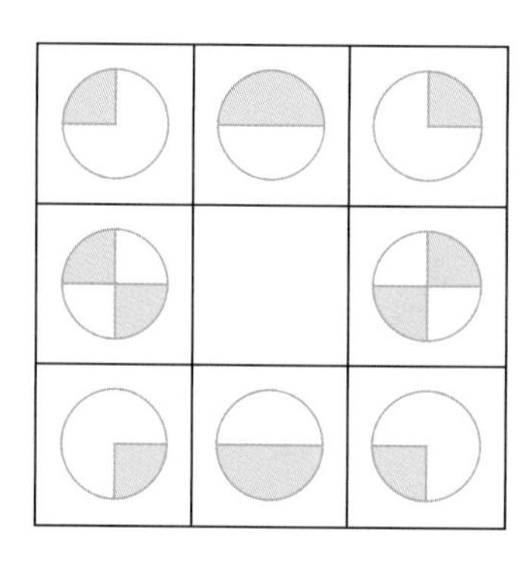

Key Point
양쪽에 있는 두 모양과 가운데에 있는 모양의 관계를 생각해 봅니다.

다음 시계들은 일정한 규칙을 갖고 있습니다. 규칙에 맞게 마지막 시계에 시곗바늘을 그려 넣으시오.

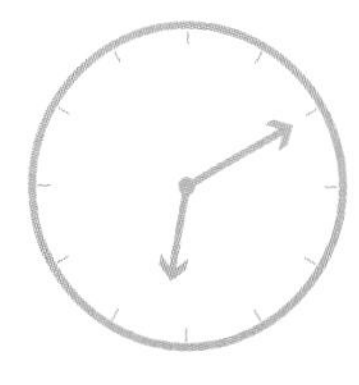

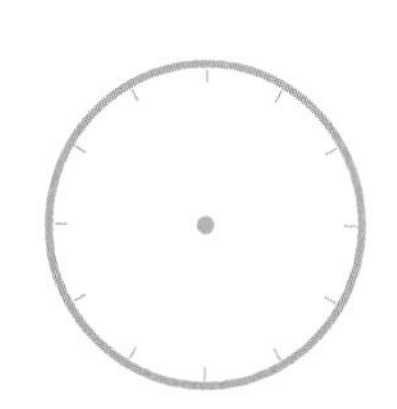

Key Point
몇 시간 몇 분씩 증가하는지 찾아 봅니다.

다음과 같은 규칙으로 작은 정삼각형을 배열해 나갈 때, 작은 정삼각형의 개수가 1000개가 넘는 것은 몇째 번에 처음으로 나타납니까?

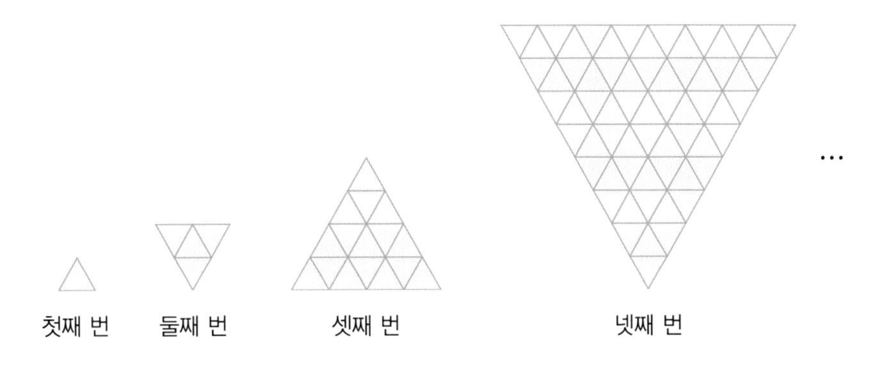

KeyPoint
작은 정삼각형이 몇 배로 늘어나는지 생각해 봅니다.

다음 그림에서 ①번 도형과 ②번 도형의 관계는 ③번 도형과 ④번 도형의 관계와 같습니다. 빈 곳에 알맞은 도형을 그리시오.

①	②	③	④

KeyPoint
①번 도형에서 어떻게 움직여 ②번 도형이 되는지 찾아봅니다.

다음과 같이 일정한 규칙으로 정사각형 모양의 색종이를 늘어놓았습니다. 일곱째 번 모양에서 필요한 작은 정사각형 모양의 색종이는 몇 장입니까?

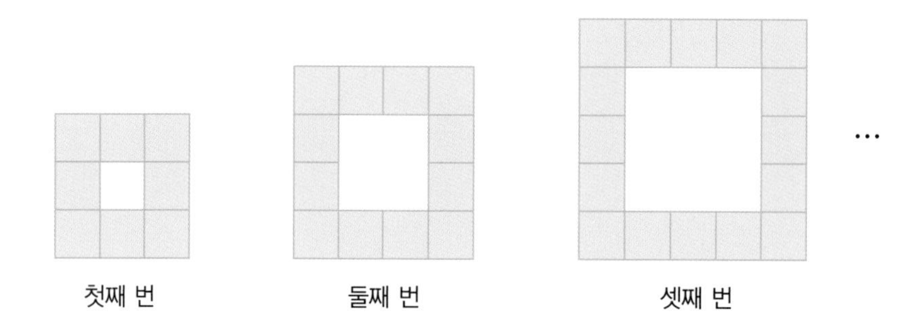

KeyPoint
2×4, 3×4, 4×4, …

다음과 같은 규칙으로 바둑돌을 놓는다면 30째 번 모양에서는 흰 돌과 검은 돌 중 어느 것이 몇 개 더 많습니까?

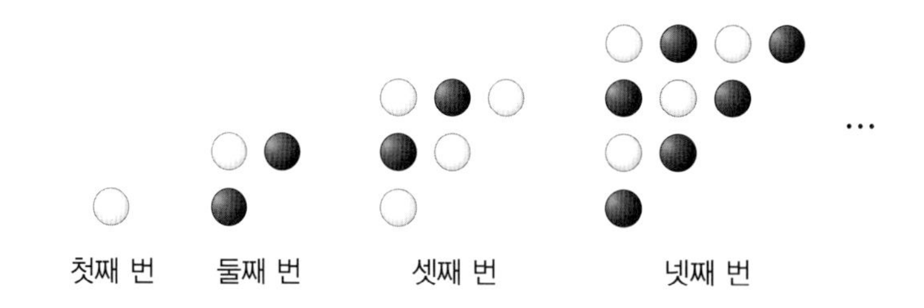

KeyPoint
짝수째 번과 홀수째 번에 어느 돌이 몇 개 많은지 규칙을 찾아봅니다.

응용 7 다음 주어진 조건을 보고 물음에 답하시오.

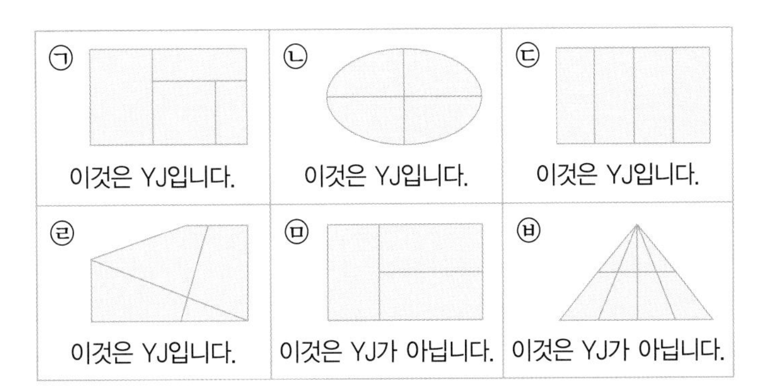

(1) 은 YJ입니까?

(2) 은 YJ입니까?

KeyPoint
YJ는 몇 칸으로 나누어져 있는지 찾아봅니다.

응용 8 규칙을 찾아 빈 곳의 그림을 완성하시오.

(1) 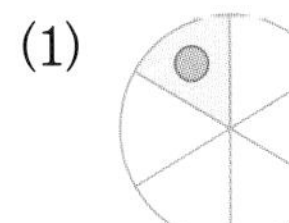 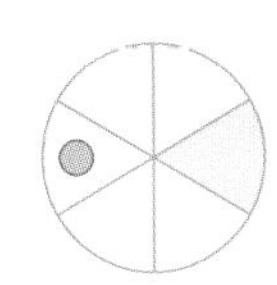 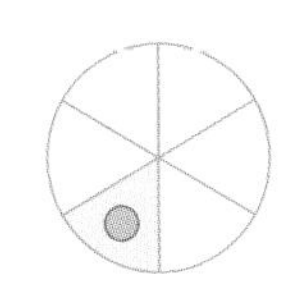 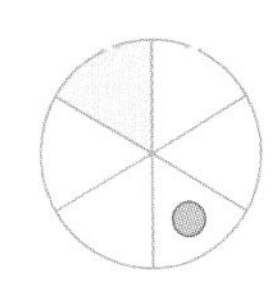 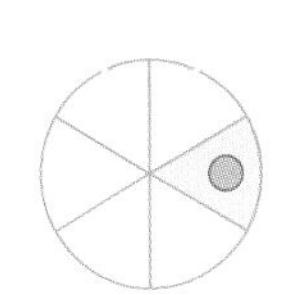 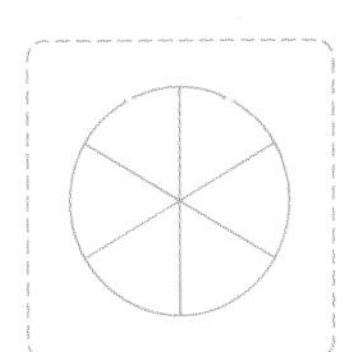

(2) 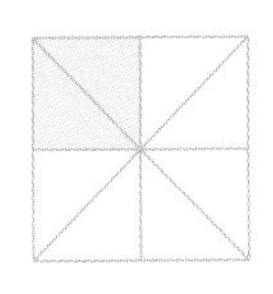 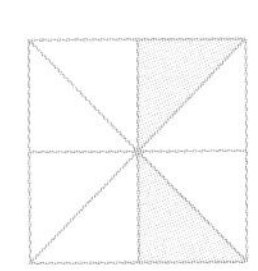 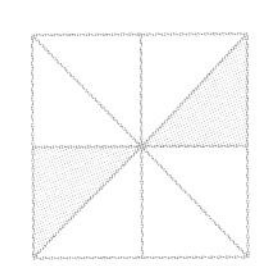 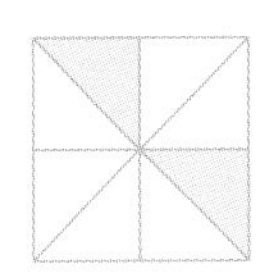 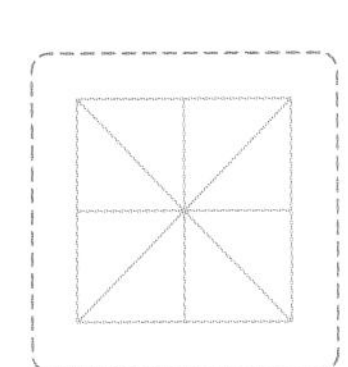

KeyPoint
어느 방향으로 몇 칸씩 회전하는지 찾아봅니다.

4. 수열

Free FACTO

다음은 어떤 규칙에 따라 수들을 늘어놓은 것입니다. □ 안에 알맞은 수를 쓰시오.

3, 5, 9, 15, 27, 45, □, 135, ⋯

생각의 흐름

1 홀수째 번 수와 짝수째 번 수를 나누어서 생각합니다.

홀수째 번 수 3, 9, 27, □, ⋯

짝수째 번 수 5, 15, 45, 135, ⋯

2 홀수째 번 수의 규칙을 찾아 □ 안에 알맞은 수를 구합니다.

LECTURE 개미 수열

다음은 프랑스의 유명한 작가인 베르나르 베르베르의 소설 『개미』에 소개된 수열입니다. 이 수열의 규칙을 찾아 다음 줄에 나올 수를 생각해 보세요.

1
1 1
1 2
1 1 2 1
1 2 2 1 1 1
1 1 2 2 1 3
1 2 2 2 1 1 3 1
⋮

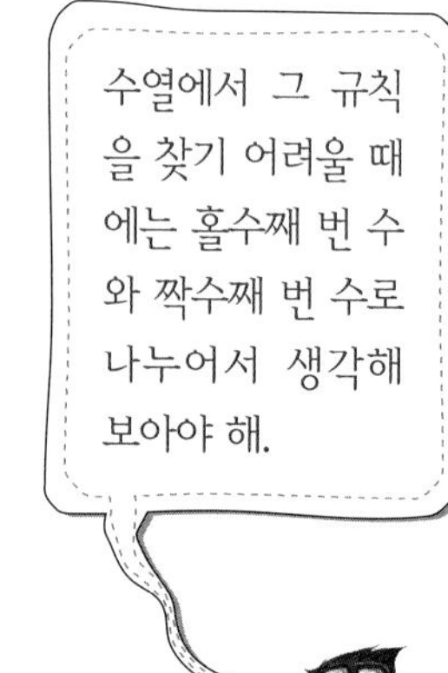

이 수열의 규칙은 아주 단순합니다.
첫 줄에 1이 있고,
둘째 줄에는 윗줄(첫째 줄)에 1이 1개 있음을 나타낸 것입니다.
셋째 줄에는 역시 윗줄에 1이 2개 있음을 나타낸 것입니다.
넷째 줄에는 윗줄에 1이 1개, 2가 1개 있음을 나타낸 것입니다.
이와 같이 윗줄에 있는 수와 그 개수를 아랫줄에 쓴 것입니다.
이 수열은 규칙을 알고 나면 아주 쉬운 것 같지만 의외로 그 규칙을 찾은 사람은 많지 않은 아주 어려운 문제입니다.
참고로 다음 줄에 올 수는 1 1 2 3 1 2 3 1 1 1입니다.

다음은 어떤 규칙에 따라 수들을 늘어놓은 것입니다. □ 안에 알맞은 수를 쓰시오.

수가 얼마씩 커지고 있는지 그 규칙을 찾아봅니다.

2, 4, 8, 14, 22, 32, □, 58, …

다음은 어떤 규칙에 따라 수를 늘어놓은 것입니다. 이 수열의 50째 번 수는 얼마입니까?

홀수째 번 수와 짝수째 번 수로 나누어서 생각합니다.

3, 2, 3, 4, 7, 6, 3, 8, 3, 10, 7, 12, 3, 14, …

5. 화살표 약속

Free FACTO

다음 |보기|와 같은 규칙으로 계산할 때, ㉯는 ㉮의 몇 배입니까?

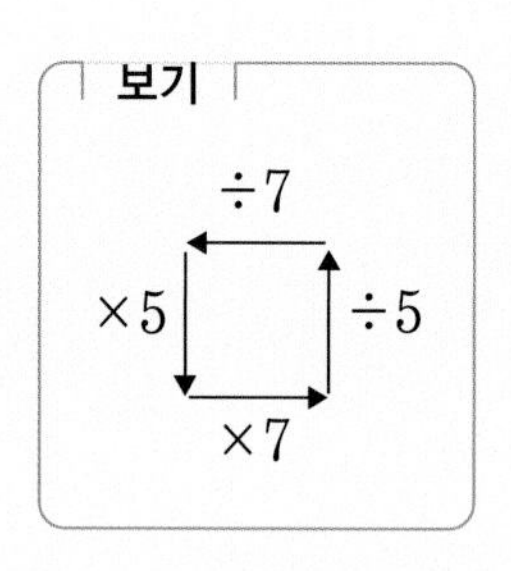

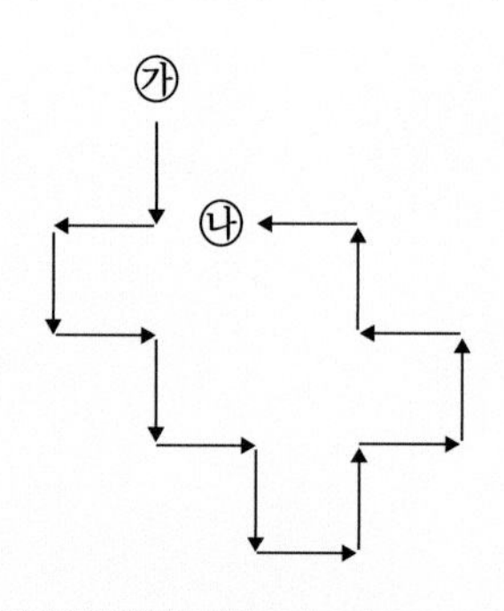

생각의 흐름
1 왼쪽으로 간 횟수와 오른쪽으로 간 횟수가 같으면 처음 수는 어떻게 되는지 생각해 봅니다.
2 위로 간 횟수와 아래로 간 횟수가 같으면 처음 수는 어떻게 되는지 생각해 봅니다.

LECTURE 화살표 약속

위의 화살표 약속대로 5에서 시작하여 오른쪽으로 두 번 가면 245가 됩니다.

$$5 \xrightarrow{\times 7} 35 \xrightarrow{\times 7} 245$$

245에서 시작하여 왼쪽으로 두 번 가면 다시 출발한 5가 됩니다.

$$5 \xleftarrow{\div 7} 35 \xleftarrow{\div 7} 245$$

이와 같이 화살표 약속대로 오른쪽으로 □칸 갔다, 다시 왼쪽으로 □칸을 오면 결국 계산 결과는 같게 됩니다. 이것은 위, 아래쪽도 마찬가지입니다. ㉮에서 시작하여 오른쪽으로 모두 4칸을 갔고, 왼쪽으로 모두 3칸을 왔으므로 결국은 ㉮에서 오른쪽으로 1칸 간 결과와 같게 됩니다.
따라서 왼쪽 그림처럼 ㉮에서 출발하여 ㉯에 도착하는 것과 오른쪽 그림처럼 최단거리로 가는 것의 계산 결과는 같습니다.

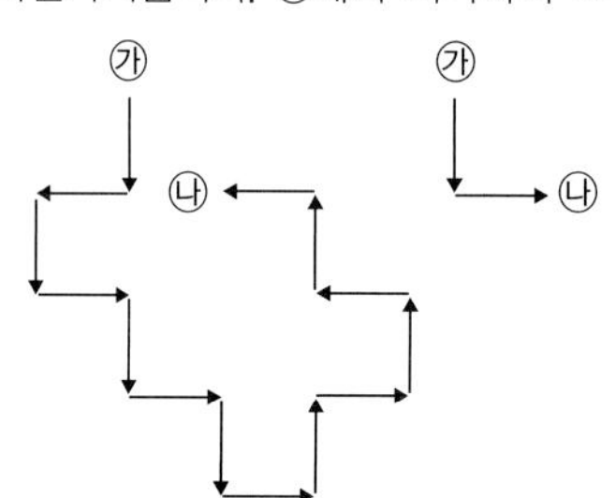

화살표를 계속 따라 가는 것과 최단 거리로 가는 것, 두 가지 모두 결국은 계산 결과가 같게 되지.

다음 |보기|와 같이 화살표의 방향에 따라 덧셈과 뺄셈이 이루어집니다. 4에서 출발할 때, □ 안에 들어갈 수를 구하시오.

왼쪽과 오른쪽, 위쪽과 아래쪽으로 움직일 때의 관계를 생각해 봅니다.

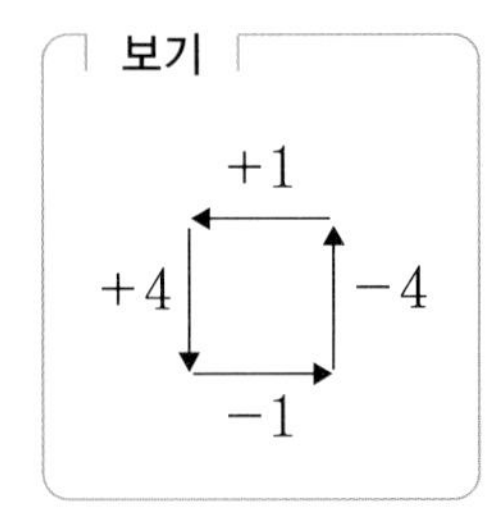

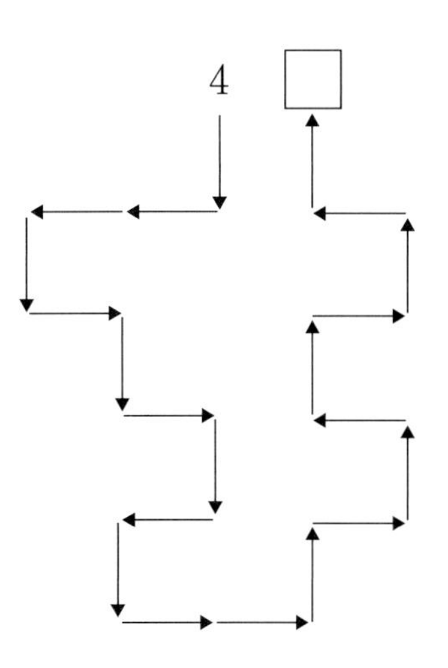

다음 |보기|와 같은 규칙으로 계산할 때, □ 안에 알맞은 수를 구하시오.

아래쪽으로 간 횟수와 오른쪽으로 간 횟수를 세어 봅니다.

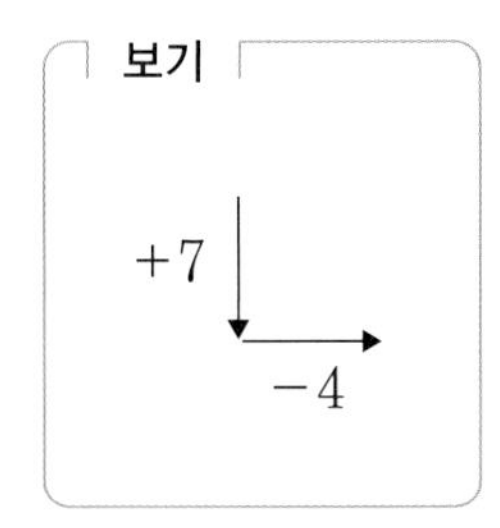

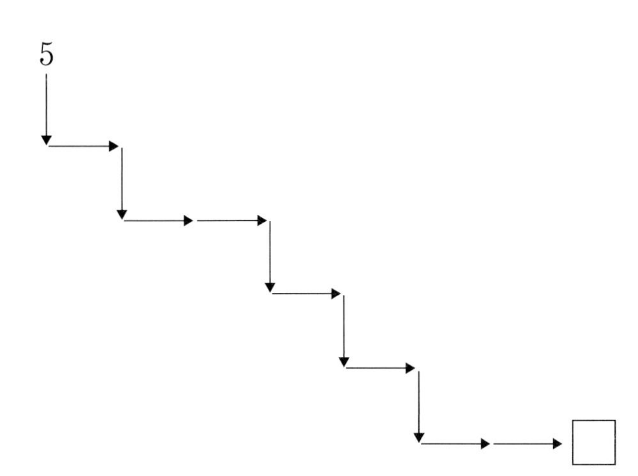

6. 교점과 영역

Free FACTO

주어진 사각형을 3개의 직선으로 나누면 최대 7개의 영역으로 나눌 수 있습니다. 주어진 사각형을 6개의 직선으로 나누면 최대 몇 개의 영역으로 나눌 수 있습니까?

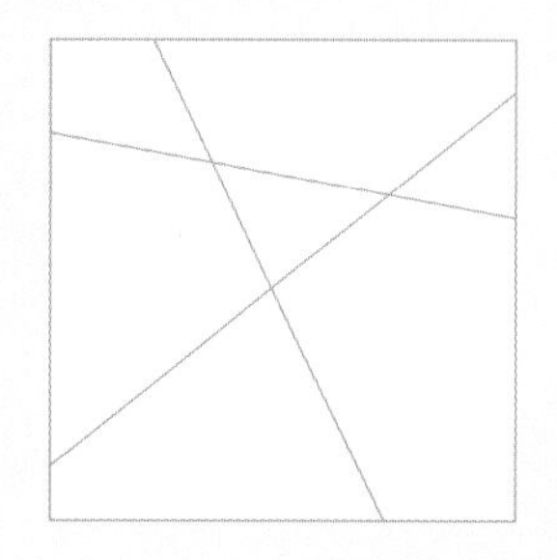

생각의 흐름

1 사각형에 직선을 1개, 2개, 3개, … 그어 보고, 최대 몇 개의 영역으로 나눌 수 있는지 찾아봅니다.

2 1에서 찾은 수들을 나열하여 규칙을 찾아봅니다.

3 규칙에 따라 6개의 직선이 있을 때, 최대 몇 개의 영역으로 나눌 수 있는지 구합니다.

LECTURE 직선이 만나서 생기는 교점과 영역의 최대 개수

직선의 개수	1	2	3	4	5	…
모양						…
교점의 최대 개수	0	1	3	6	10	…
영역의 최대 개수	2	4	7	11	16	…

교점과 영역의 사이에는 다음과 같은 규칙이 있습니다.

(직선의 개수)+(교점의 개수)+1=(영역의 개수)

오른쪽 그림은 만나는 점이 가장 많도록 평면에 3개의 직선을 그은 것입니다. 이때 만나는 점은 3개입니다. 만나는 점이 가장 많도록 평면에 6개의 직선을 그을 때, 만나는 점은 모두 몇 개입니까?

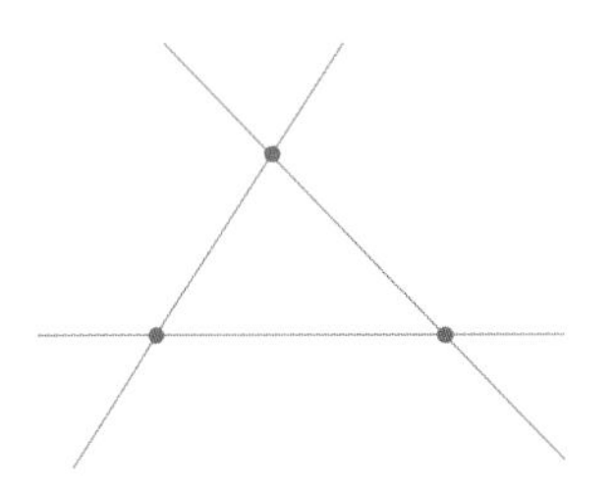

만나는 점이 가장 많도록 직선을 2개, 3개, 4개 그어 보고 그 규칙을 찾아봅니다.

4개의 직선을 교점이 0개, 1개, 3개, 4개, 5개, 6개 되도록 그려 보시오.

한 점에서 여러 개의 직선이 만날 수도 있습니다.

0개	1개	3개

4개	5개	6개

Creative 팩토

다음은 어떤 규칙에 따라 분수를 늘어놓은 것입니다. □ 안에 알맞은 분수를 써넣으시오.

$$\frac{3}{10},\ \frac{7}{15},\ \square,\ \frac{15}{25},\ \frac{19}{30},\ \frac{23}{35},\ \cdots$$

KeyPoint
분모와 분자를 나누어 생각해 봅니다.

그림과 같이 사각형과 원 하나씩으로 만들 수 있는 교점의 개수를 모두 구하시오. 단, 교점을 만들 때 사각형과 원은 크기나 모양이 달라도 됩니다.

0개 1개 2개

KeyPoint
교점이 3개, 4개, …가 되도록 사각형과 원을 그려 봅니다.

다음은 어떤 규칙에 따라 수를 늘어놓은 것입니다. 이 수열의 100째 번 수는 얼마입니까?

5, 8, 11, 14, 17, 20, 23, …

Key Point
수가 증가하는 규칙을 찾아 □째 번 수는 얼마가 되는지 찾아봅니다.

다음 |보기|와 같이 화살표 방향에 따라 덧셈과 뺄셈이 이루어집니다. □ 안에 들어갈 수는 얼마입니까?

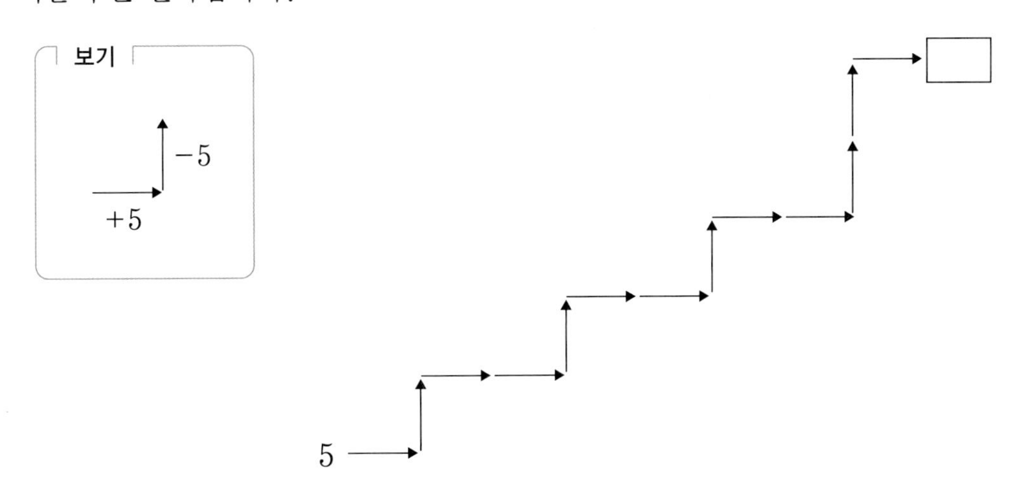

Key Point
오른쪽으로 간 칸 수와 위로 간 칸 수를 세어 봅니다.

다음 그림은 사각형 2개를 겹쳐 3개의 서로 다른 영역을 만든 것입니다. 사각형 2개를 겹쳐 만들 수 있는 영역은 최대 몇 개입니까?

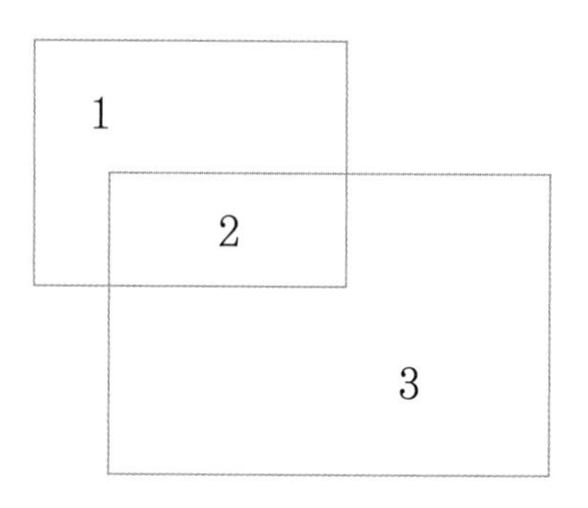

KeyPoint

영역이 많이 생기도록 사각형을 그려 봅니다.

다음 |보기|와 같이 화살표 방향에 따라 곱셈과 나눗셈이 이루어집니다. ㉮에서 출발할 때, ㉯는 ㉮의 몇 배입니까?

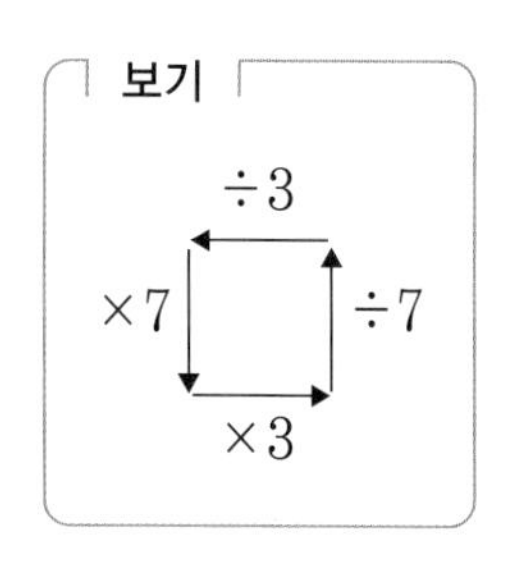

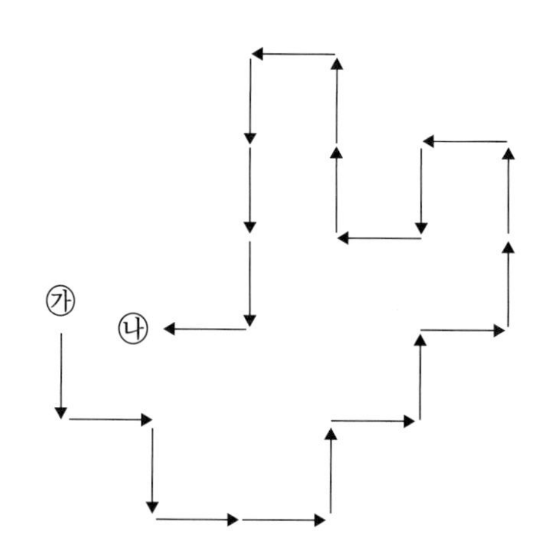

KeyPoint

서로 반대 방향으로 한 번씩 움직이면 계산 결과가 변하지 않습니다.

그림과 같이 원에 1개, 2개, 3개의 직선을 그으면 원은 최대 2부분, 4부분, 7부분으로 나누어집니다. 이와 같은 방법으로 한 원에 5개의 직선을 그으면 원은 최대 몇 개의 부분으로 나눌 수 있습니까?

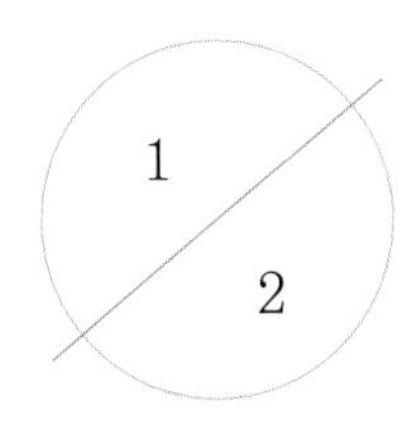

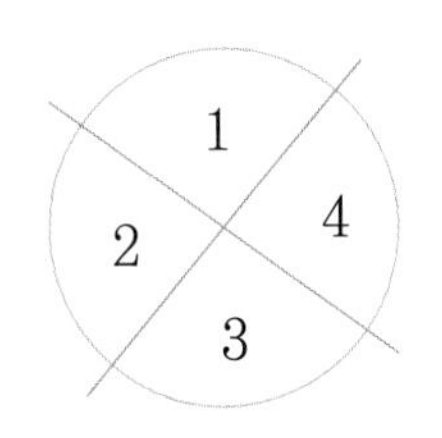

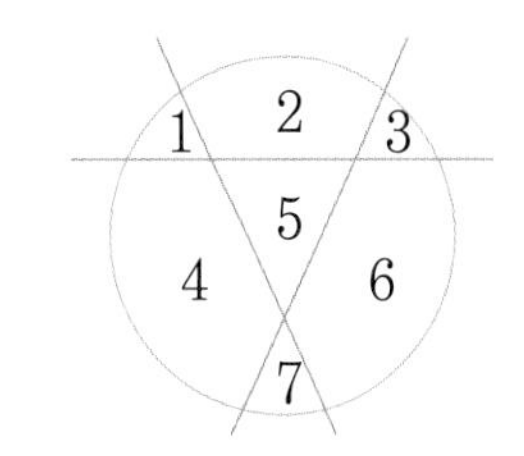

KeyPoint
영역이 늘어나는 개수의 규칙을 찾습니다.

원래의 수에서 아래로 한 칸 움직이면 +3, 위로 한 칸 움직이면 −3, 오른쪽으로 한 칸 움직이면 +4, 왼쪽으로 한 칸 움직이면 −4를 합니다. 5에서 출발하여 그림의 경로를 따라 움직이면 ㉮는 얼마입니까?

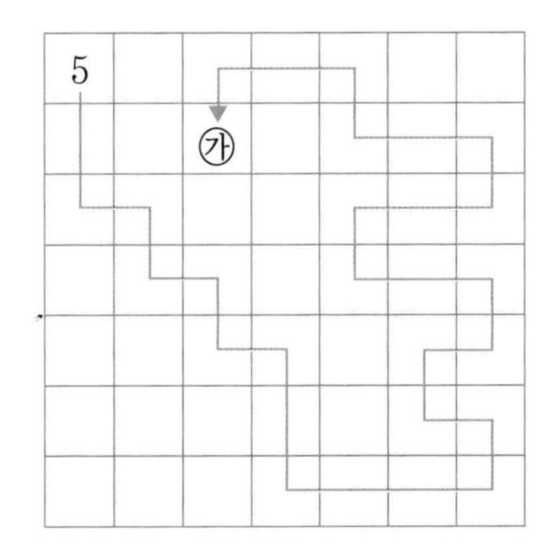

KeyPoint
서로 반대 방향으로 1칸씩 움직이면 계산 결과가 변하지 않습니다.

다음과 같은 규칙으로 수를 100째 번까지 나열할 경우 모든 수의 합은 얼마입니까?

1, 2, 3, 4, 2, 3, 4, 1, 3, 4, 1, 2, 4, 1, 2, 3, 1, 2, …

1에서 출발하여 시계 방향으로 3칸씩 건너뛰어 1, 4, 2, 5, …와 같은 수열을 만들 때, 이 수열의 71째 번 수를 구하시오.

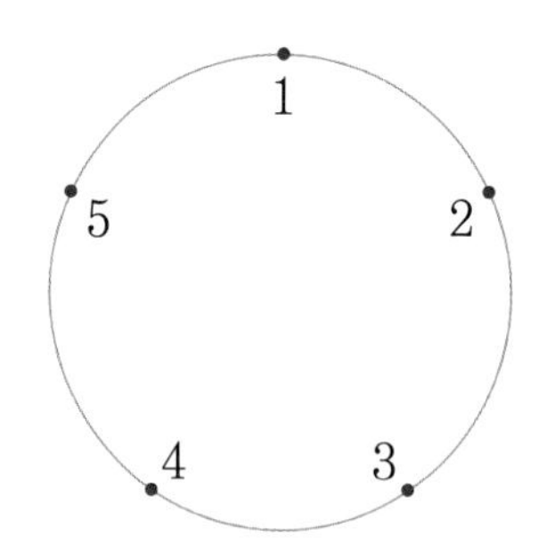

그림과 같이 수를 배열할 때, 6행의 가장 오른쪽 수는 얼마입니까?

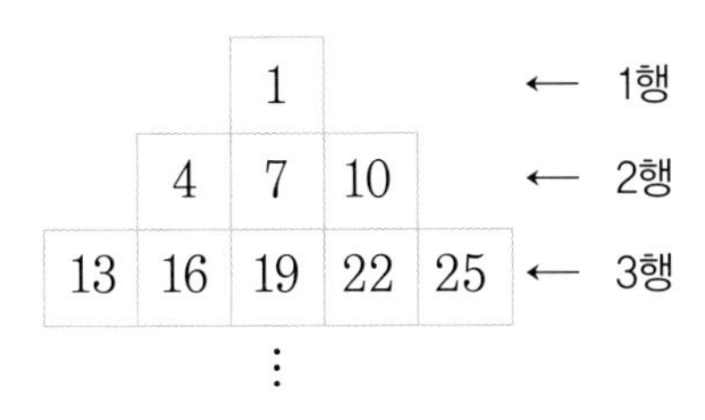

규칙을 찾아, 빈 곳에 들어갈 그림을 완성하시오.

다음과 같이 성냥개비를 나열할 때, 일곱째 번에는 성냥개비가 몇 개 필요합니까?

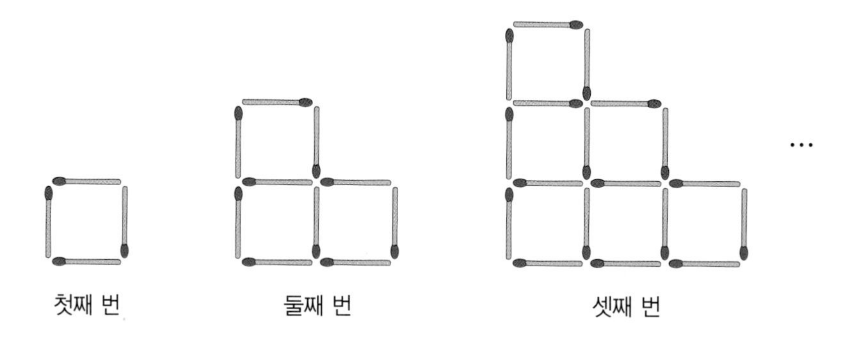

첫째 번 둘째 번 셋째 번

다음 그림은 일정한 규칙에 따라 색칠을 한 것입니다. 같은 규칙으로 색칠을 계속 한다고 할 때, 50째 번에 나오는 모양을 그리시오.

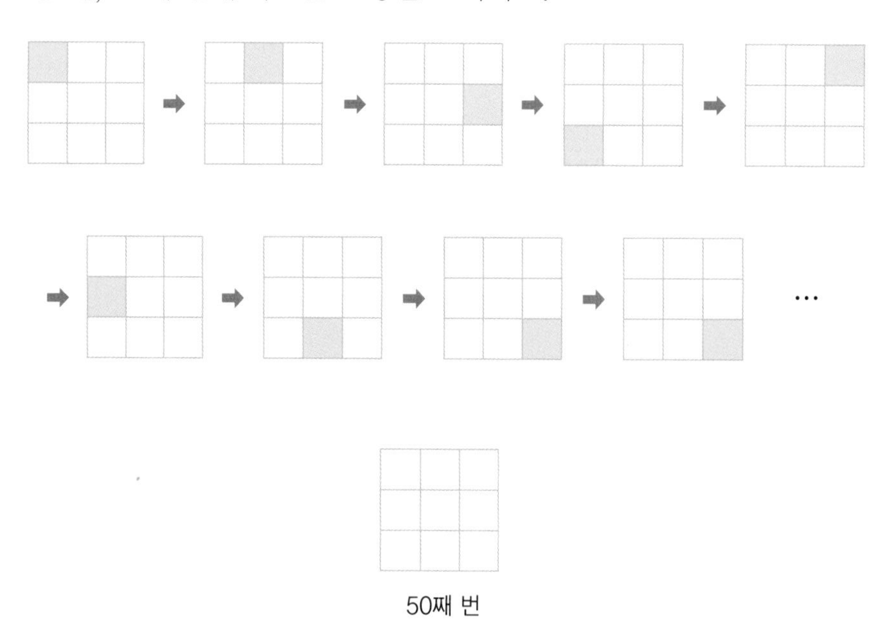

50째 번

다음 그림은 2개, 3개의 원이 만나서 생기는 교점이 가장 많을 때를 나타낸 것입니다. 크기가 같은 4개의 원이 만나서 생기는 교점이 가장 많을 때는 몇 개입니까?

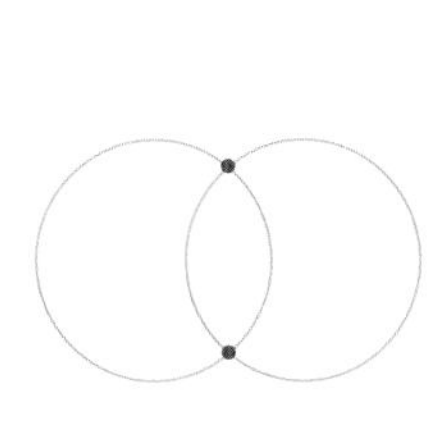

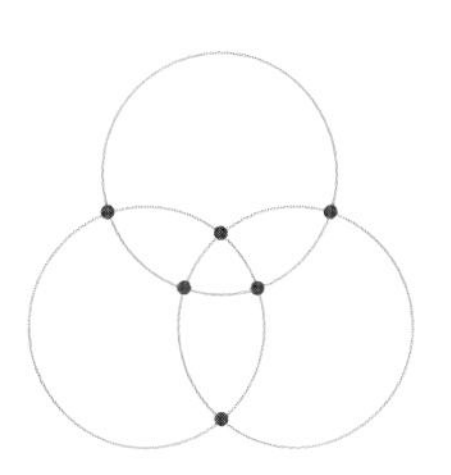

다음 |규칙|의 화살표 방향에 따라 계산한다고 할 때, ㉮에 알맞은 수를 구하시오.

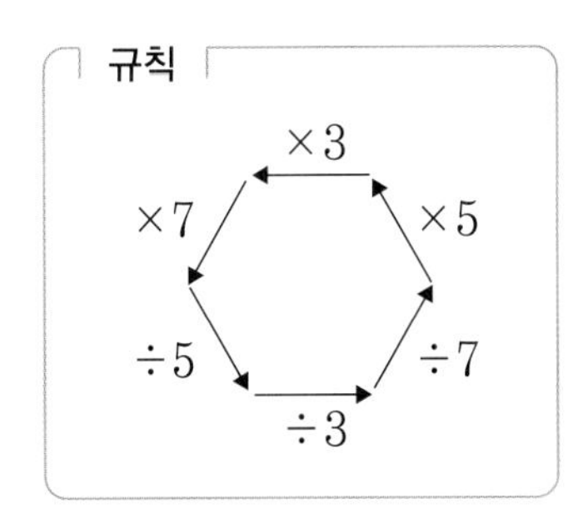

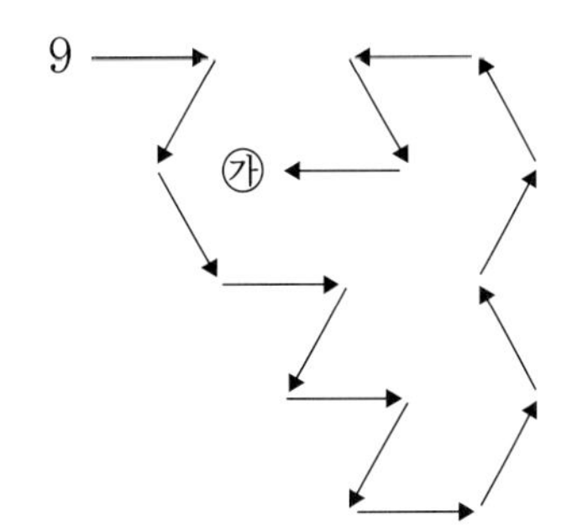

Memo

V 도형의 측정

1. 평행선과 각의 크기

Free FACTO

두 직선 가, 나가 서로 평행할 때, 각 ㉠, ㉡, ㉢의 크기의 합을 구하시오.

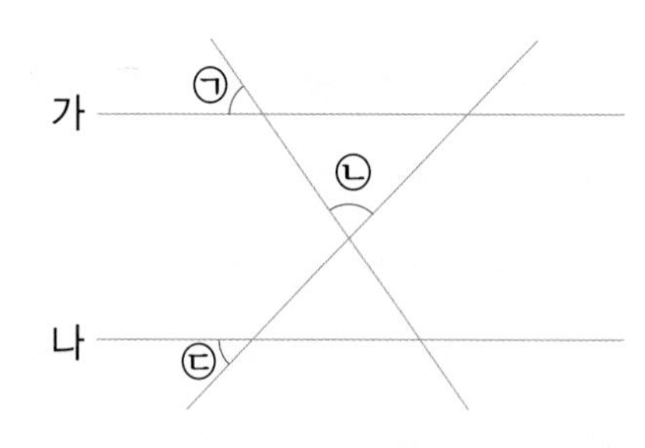

생각의 흐름

1. 직선 가, 나와 평행하고, 각 ㉡의 꼭짓점을 지나는 직선 다를 긋습니다.
2. 새로 그은 직선 다 위에 각 ㉠, 각 ㉢과 크기가 같은 각을 찾아 각각 표시합니다.
3. 각 ㉠, ㉡, ㉢의 크기의 합을 구합니다.

LECTURE 맞꼭지각, 엇각, 동위각

고대 수학자 유클리드가 2300년 전에 쓴 『기하학 원론』에 다음과 같은 내용이 있습니다.

〈법칙15 – 맞꼭지각〉
두 직선이 만나서 만들어진 맞꼭지각은 서로 크기가 같다.

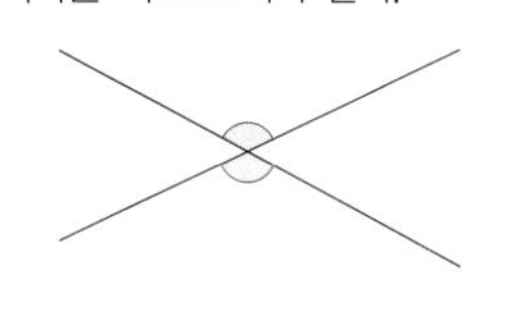

〈법칙27 – 엇각〉
어떤 두 직선을 동시에 지나는 한 직선을 그을 때, 엇각의 크기가 같으면 두 직선은 서로 평행하다.

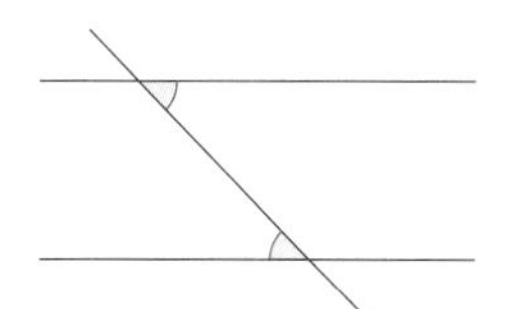

〈법칙28 – 동위각〉
어떤 두 직선을 동시에 지나는 한 직선을 그을 때, 동위각의 크기가 같으면 두 직선은 평행하다.

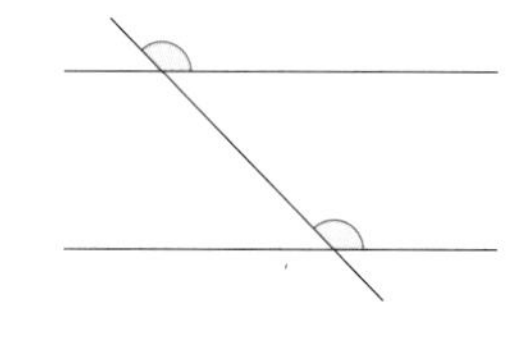

두 직선 가, 나가 서로 평행할 때, 각 ㉠의 크기를 구하시오.

크기가 같은 각을 찾아 표시합니다.

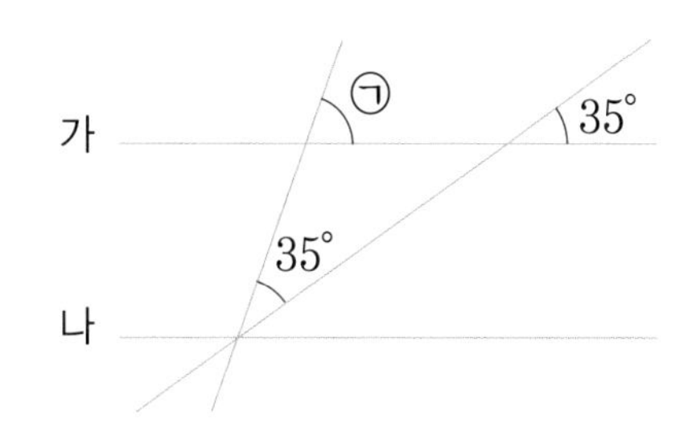

선분 ㄱㄹ과 선분 ㄴㄷ이 평행할 때, 각 ㄱㅁㄴ의 크기를 구하시오.

점 ㅁ을 지나고, 선분 ㄱㄹ과 평행한 직선을 그어 크기가 같은 각을 찾아 표시합니다.

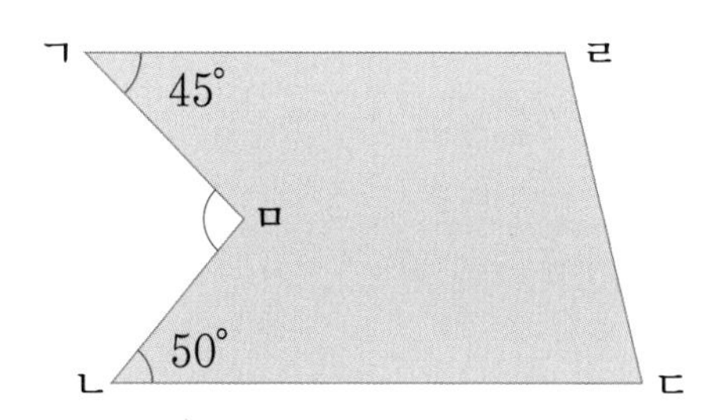

2. 다각형의 내각의 합

Free FACTO

다음 표시된 각의 크기의 합을 구하시오.

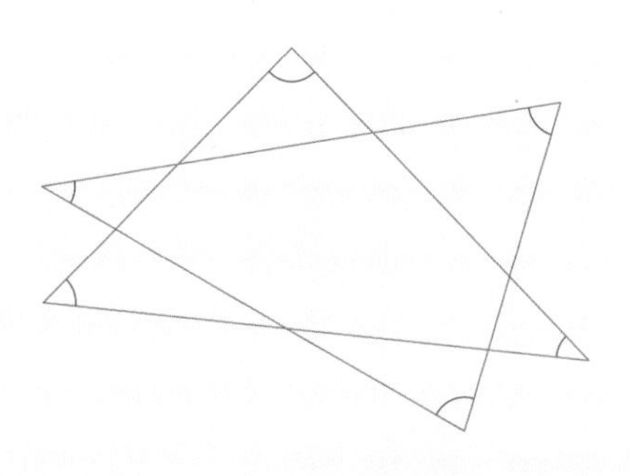

생각의 흐름

1 그림에서 표시된 세 각의 크기의 합을 구합니다.

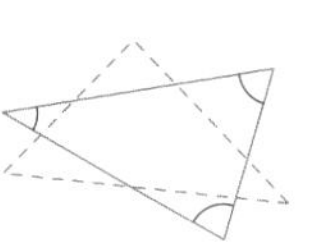

2 나머지 세 각의 크기의 합을 같은 방법으로 구합니다.

3 6개의 각의 크기의 합을 구합니다.

LECTURE 삼각형의 내각의 합

수학자 파스칼은 12살에 스스로 삼각형의 내각의 합이 180°라는 사실을 발견해냈다고 합니다. 평행선의 성질을 이용해 삼각형의 내각의 합이 왜 180°인지 살펴봅시다.

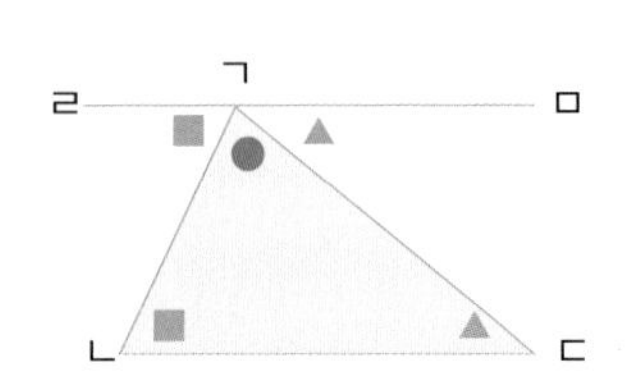

변 ㄴㄷ과 평행하고, 꼭짓점 ㄱ을 지나는 선분 ㄹㅁ을 그었을 때
각 ㄹㄱㄴ과 각 ㄱㄴㄷ은 엇각으로 서로 같고, 각 ㅁㄱㄷ과 각 ㄴㄷㄱ도 역시 엇각으로 서로 같습니다.

(삼각형의 내각의 합)
=(각 ㄱㄴㄷ)+(각 ㄴㄷㄱ)+(각 ㄷㄱㄴ)
=(각 ㄹㄱㄴ)+(각 ㅁㄱㄷ)+(각 ㄷㄱㄴ)
=■+▲+●
=180° 입니다.

오각형 ㄱㄴㄷㄹㅁ의 내각의 합을 구하고, 그 이유를 설명하시오.

오각형 ㄱㄴㄷㄹㅁ을 삼각형 3개로 나누고, 삼각형의 내각의 합이 180° 임을 이용합니다.

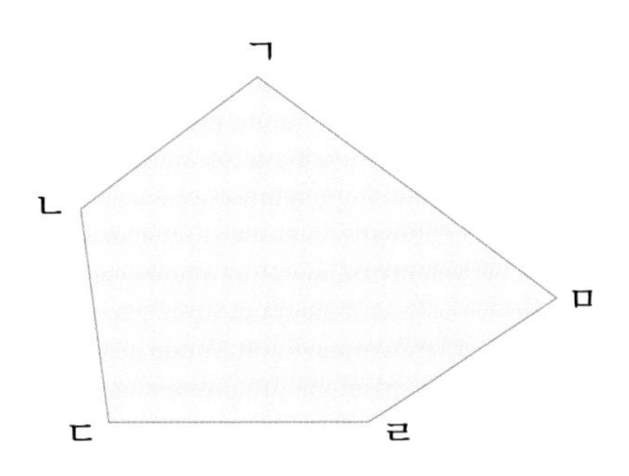

다음 도형에서 표시된 각의 크기의 합을 구하시오.

도형을 삼각형, 사각형으로 나누어 봅니다.

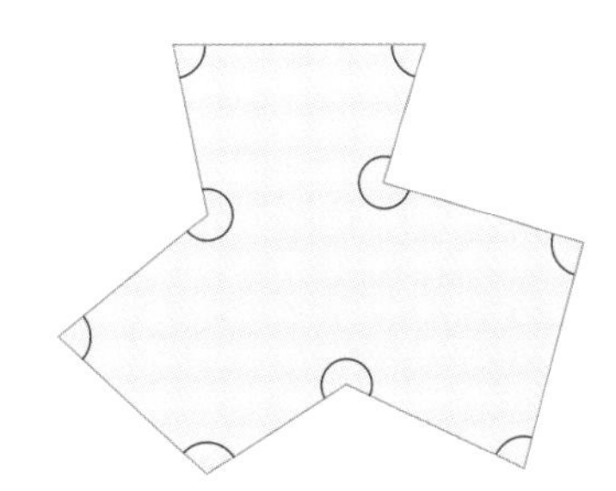

3. 정다각형의 한 각의 크기

Free FACTO

정오각형과 정육각형을 이어 만든 도형입니다. 표시된 각의 크기를 구하시오.

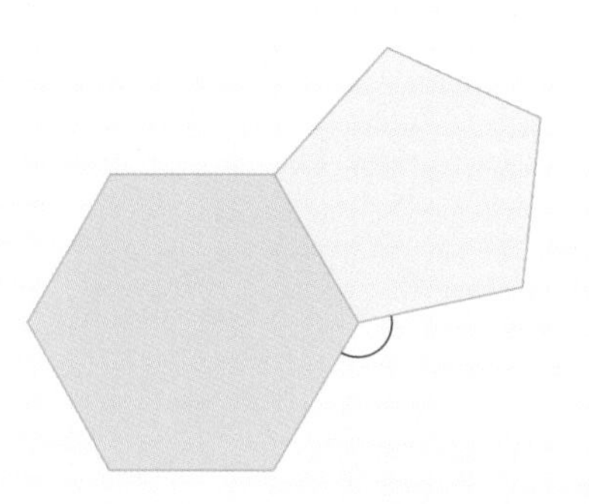

생각의 흐름
1 정오각형의 한 각의 크기를 구합니다.
2 정육각형의 한 각의 크기를 구합니다.
3 360°에서 위에서 구한 두 각의 합을 뺍니다.

LECTURE 정다각형의 내각

정다각형의 내각의 합은 그림과 같이 변의 수가 늘어날수록 180°씩 증가합니다.
또, 정다각형의 한 내각의 크기는 정다각형의 내각의 합을 각의 개수로 나눈 값입니다.

	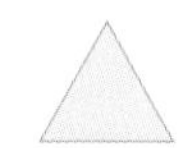		
내각의 합	180°×1=180°	180°×2=360°	180°×3=540°
한 내각의 크기	180°÷3=60°	360°÷4=90°	540°÷5=108°

리만은 한 각의 크기가 90°인 정삼각형을 구 위에 그리기도 했답니다.

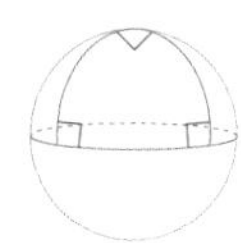

한 변의 길이가 모두 같은 정삼각형, 정사각형, 정오각형을 그림과 같이 이어 붙였습니다. 표시된 각의 크기를 구하시오.

정삼각형, 정사각형, 정오각형의 한 각의 크기를 구합니다.

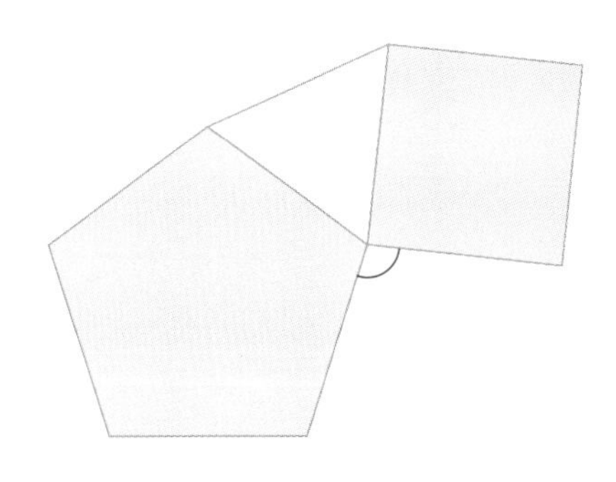

정삼각형, 정사각형, 정오각형의 각 변의 길이를 연장하여 만든 모양입니다. 각 도형의 표시된 각의 합을 구하고, 규칙을 찾아 설명하시오.

다각형의 외각의 합은 일정합니다.

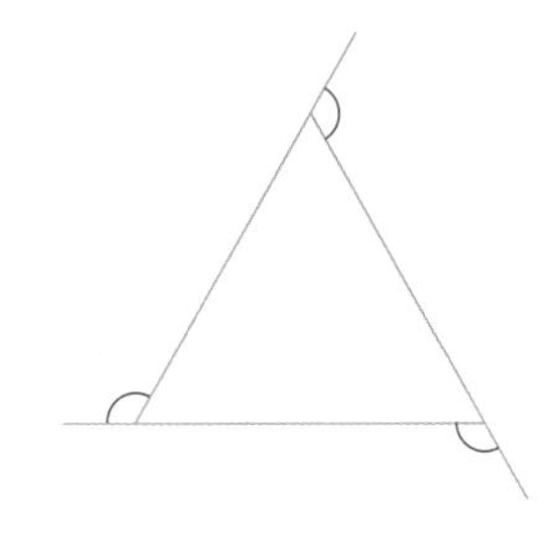

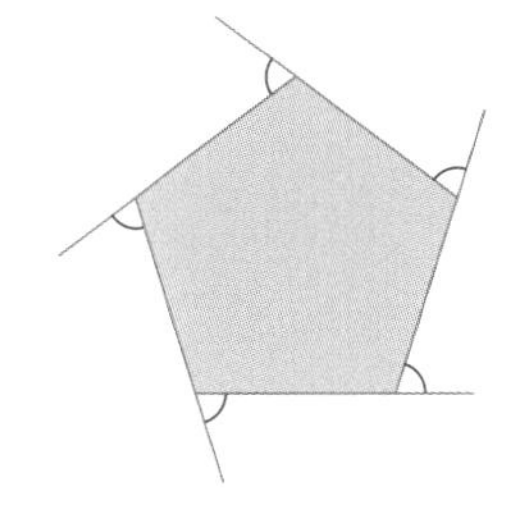

직선 가, 나가 서로 평행할 때, 각 ㉠의 크기를 구하시오.

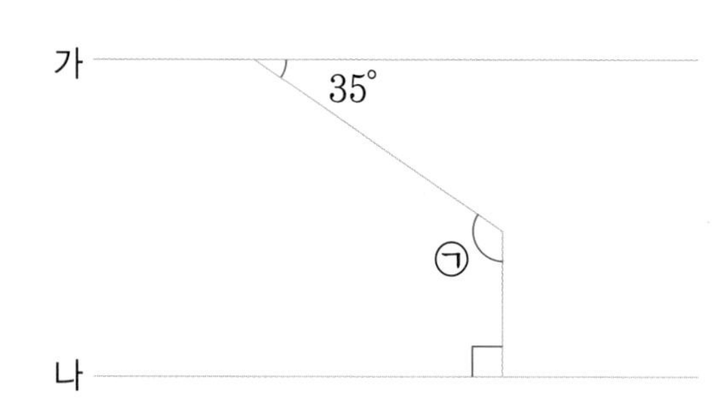

KeyPoint

직선 가, 나와 평행하고, 각 ㉠의 꼭짓점을 지나는 직선을 긋습니다.

평행사변형에서 각 ㄹㄱㄴ과 각 ㄴㄷㄹ의 크기가 같은 이유를 설명하시오.

KeyPoint

선분 ㄴㄷ을 연장하여 각 ㄴㄷㄹ과 크기가 같은 각을 찾아 표시합니다.

정칠각형에서 표시된 각의 크기를 구하시오.

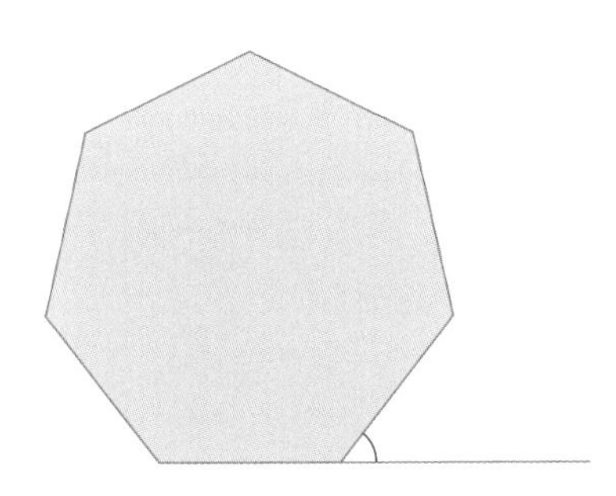

Key Point

정칠각형의 한 각의 크기를 구합니다.

직선 가, 나가 서로 평행할 때, 각 ㉠의 크기를 구하시오.

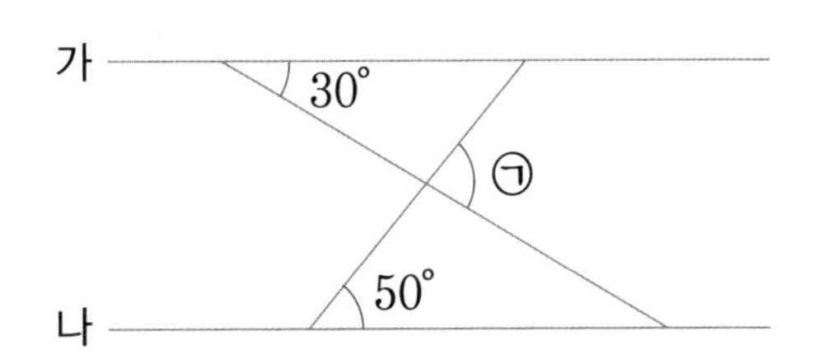

Key Point

평행한 두 직선에서 엇각의 크기와 삼각형의 내각의 합을 이용합니다.

정삼각형 2개와 정사각형 1개를 붙여 만든 육각형에서 표시된 각의 합을 구하시오.

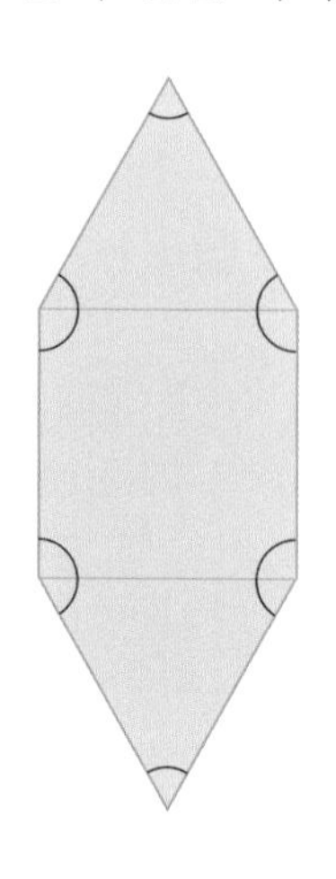

KeyPoint

정삼각형 2개와 정사각형 1개의 모든 각의 크기의 합과 같습니다.

직사각형 안에 평행사변형을 그려 넣었습니다. 각 ㉠의 크기를 구하시오.

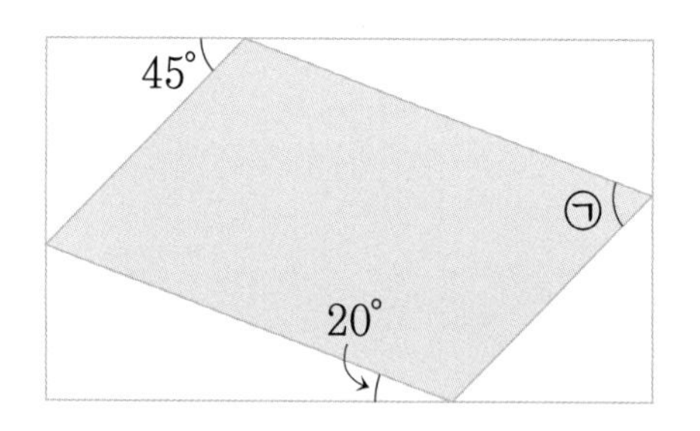

KeyPoint

평행사변형의 한 꼭짓점을 지나고, 직사각형의 변과 평행한 보조선을 그어 봅니다.

작은 정사각형 4개를 그림과 같이 붙였습니다. 각 ㉠, ㉡의 크기의 합을 구하려고 합니다. 물음에 답하시오.

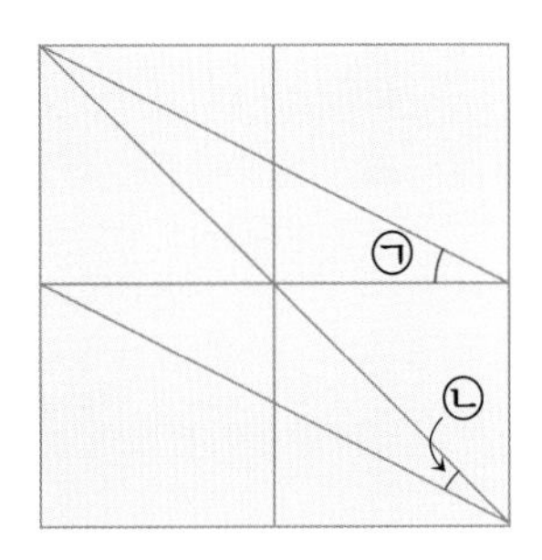

(1) 선분 ㄱㅂ과 ㄴㅁ은 서로 평행합니다. 점 ㄱ을 꼭짓점으로 하고, 각 ㉠과 크기가 같은 각을 찾아 표시하시오.

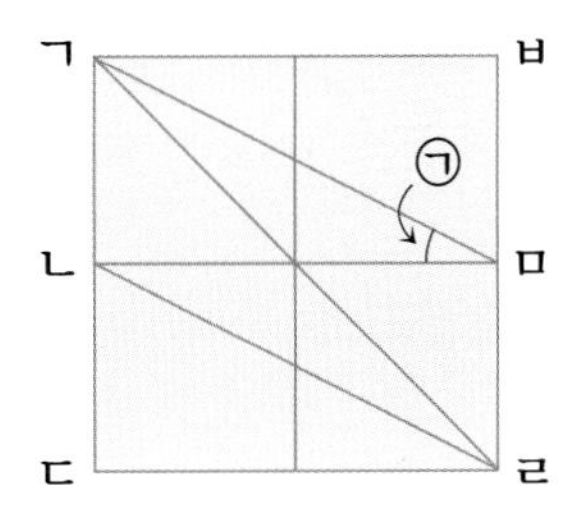

(2) 선분 ㄱㅁ과 ㄴㄹ은 서로 평행합니다. 점 ㄱ을 꼭짓점으로 하고, 각 ㉡과 크기가 같은 각을 찾아 표시하시오.

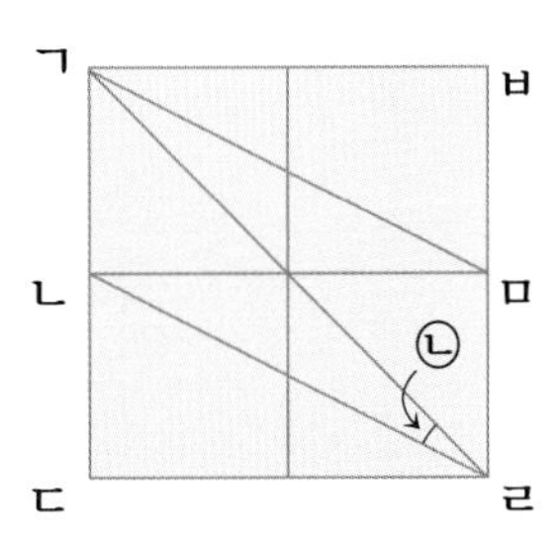

(3) 각 ㉠, ㉡의 크기의 합을 구하시오.

4. 테셀레이션

Free FACTO

다음 정다각형 중에서 |보기|와 같이 같은 모양을 반복하여 바닥을 빈틈없이 깔 수 있는 도형을 모두 고르시오.

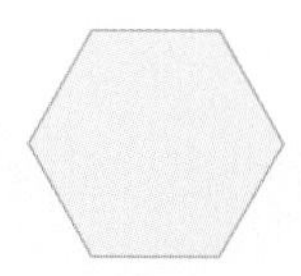

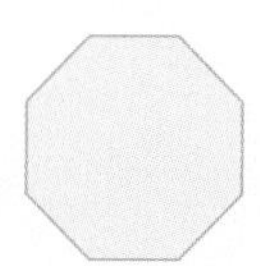

생각의 흐름

1. 정삼각형의 한 각의 크기는 60°입니다. 따라서, 보기와 같이 6조각을 이어 붙이면 360°가 되어 바닥을 빈틈없이 깔 수 있습니다.
2. 정다각형의 한 내각의 크기를 구하고, 여러 개를 이어 붙여 만든 각의 크기의 합이 360°가 되는 도형을 찾습니다.

LECTURE 아르키메데스 타일링

한 변의 길이가 같은 여러 종류의 정다각형을 이용하면 바닥을 빈틈없이 깔 수 있습니다. 이때, 그림과 같이 정다각형이 한 꼭짓점에 모이는 방법이 일정한 경우를 아르키메데스 타일링이라고 합니다.

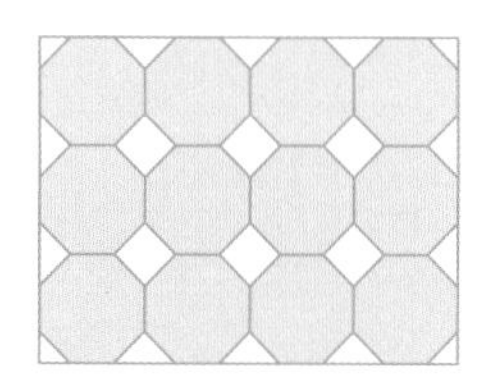

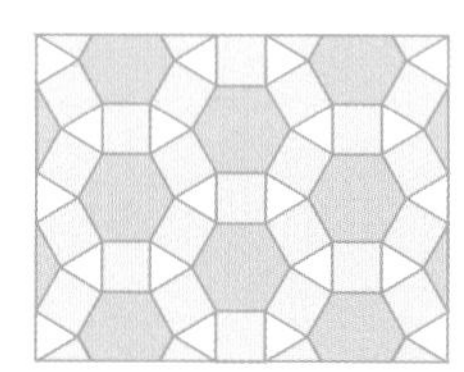

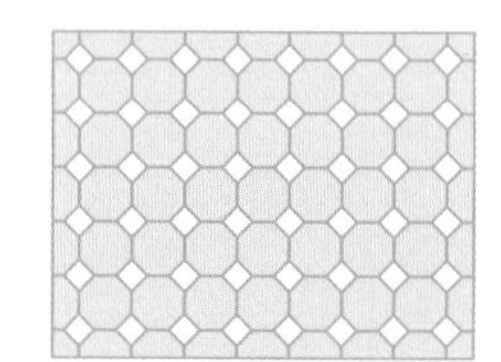

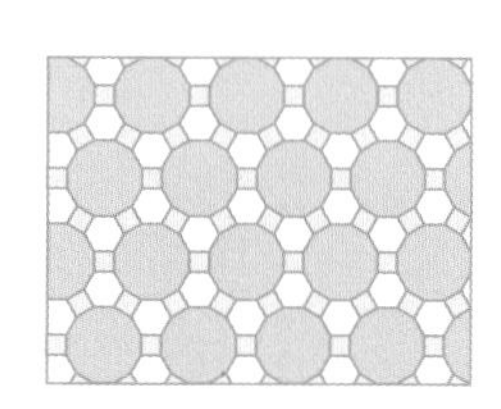

|보기|와 같이 점판 위에 주어진 도형을 반복하여 바닥을 빈틈없이 채울 수 있는 테셀레이션을 만들어 보시오.

삼각형, 사각형은 항상 바닥을 빈틈없이 깔 수 있습니다.

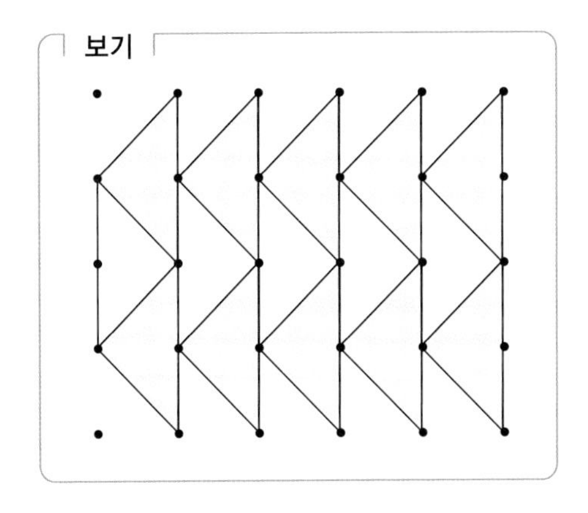

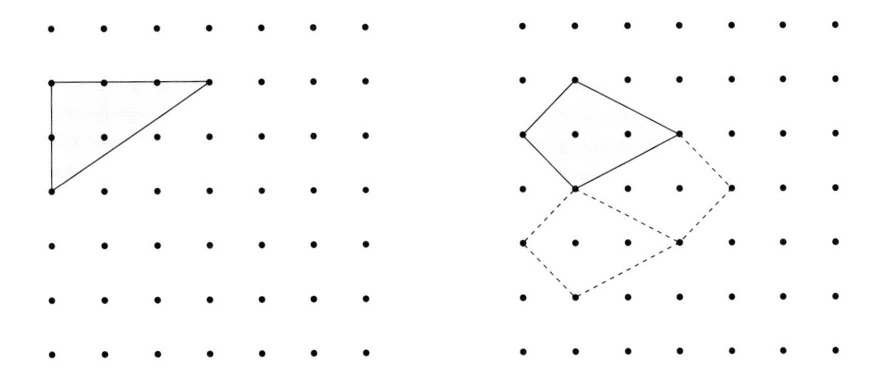

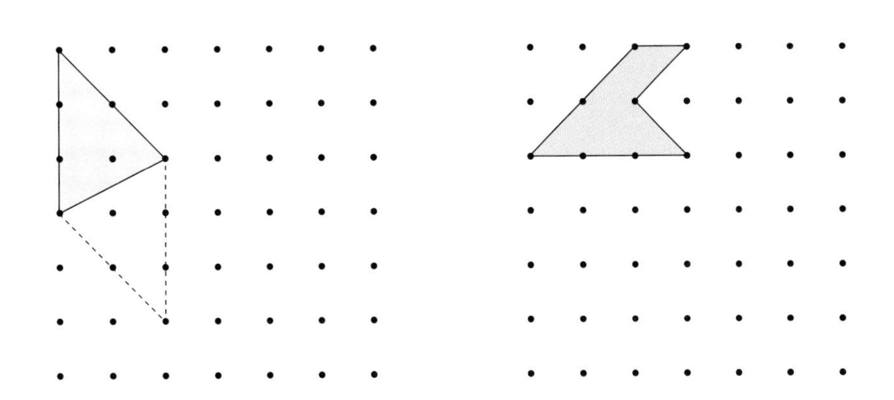

5. 종이접기

Free FACTO

정사각형 모양의 종이를 그림과 같이 접었습니다. 표시된 각의 크기를 구하시오.

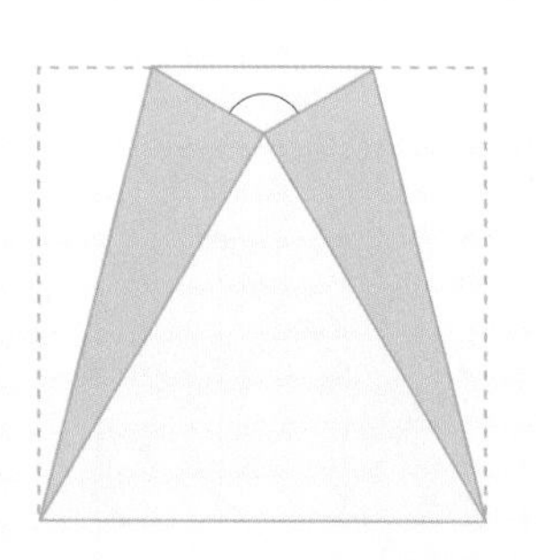

생각의 흐름

1. 표시된 각과 이웃한 다른 두 각의 크기를 구합니다.
2. 접어서 생긴 가운데 큰 삼각형은 세 변의 길이가 같은 정삼각형입니다. 정삼각형의 한 각의 크기를 구합니다.
3. 360° 에서 **1**, **2**에서 구한 세 각의 합을 뺍니다.

LECTURE 접어서 만든 각의 크기

종이를 접어 모양을 만들 때, 접어서 새로 만들어진 모양과 접어서 사라진 모양은 서로 같습니다.
따라서 변의 길이와 각의 크기 모두 변하지 않습니다.

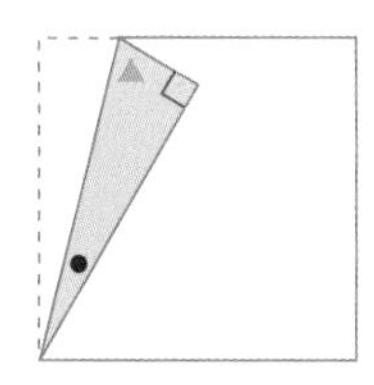

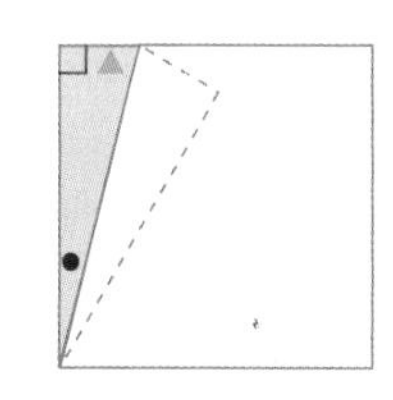

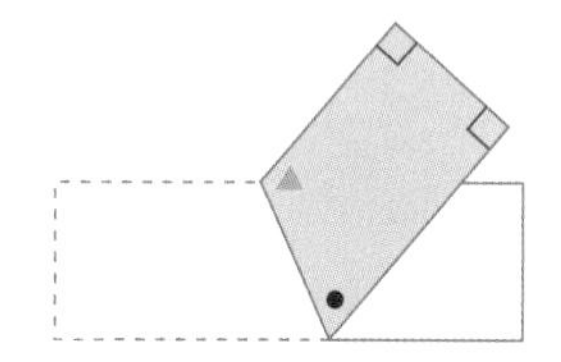

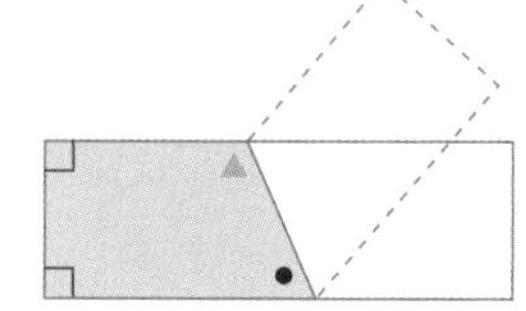

직사각형 모양의 종이 테이프를 그림과 같이 접었습니다. 각 ㉠의 크기를 구하시오.

접어서 사라진 모양에서 크기를 알 수 있는 각을 찾아 표시합니다.

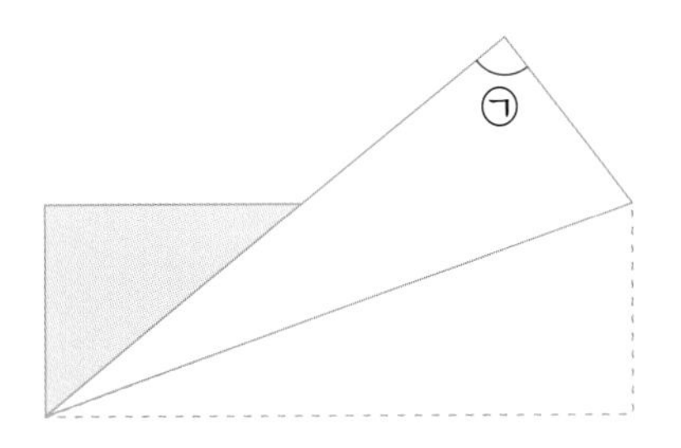

정삼각형 모양의 색종이를 그림과 같이 접었습니다. 각 ㉠, ㉡의 크기의 합을 구하시오.

각 ㉠, 각 ㉡과 크기가 같은 각을 찾아 표시하고, 그 두 각의 크기의 합을 구합니다.

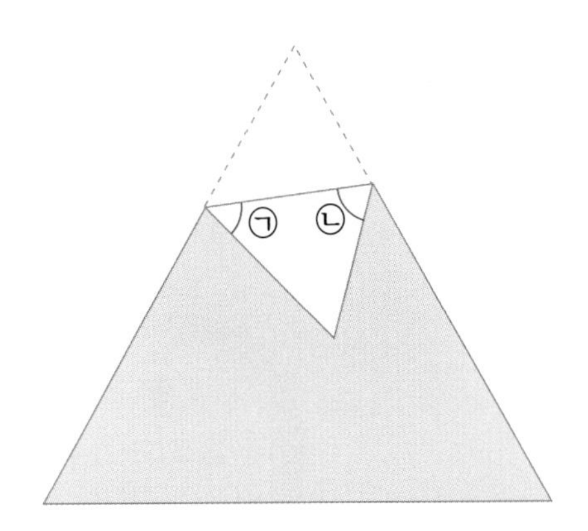

6. 시계와 각

Free FACTO

시곗바늘이 5시 10분을 가리키고 있습니다. 시침과 분침이 이루는 작은 각의 크기를 구하시오.

생각의 흐름

1. 시침과 분침이 정확하게 2와 5를 가리킨다면, 시침과 분침이 이루는 각의 크기는 몇 도가 되는지 구합니다.

2. 분침이 5시 정각에서부터 10분까지 움직이는 동안 시침도 따라서 움직입니다. 시침이 숫자 5에서부터 분침을 따라 움직인 각의 크기를 구합니다.
3. 1과 2의 각도를 더합니다.

예제 01 지금은 9시 정각입니다. 앞으로 15분 후에 시계의 시침과 분침이 이루는 작은 각의 크기를 구하시오.

15분 동안 시계의 시침과 분침이 움직인 각도를 생각합니다.

다음 중 시계의 시침과 분침이 이루는 작은 각의 크기가 예각인 것을 모두 고르시오.

직접 시각을 그려 봅니다.

㉠ 9시	㉡ 8시 10분	㉢ 5시 15분
㉣ 6시 45분	㉤ 11시 10분	㉥ 10시

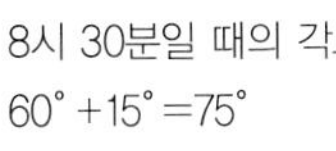

LECTURE 시계와 각

시계의 시침과 분침이 이루는 작은 각의 크기는 가장 가까운 정각의 시침과 분침이 이루는 각의 크기를 구한 후, 시침과 분침이 몇 분 더 움직이는 동안 늘어나거나, 줄어든 각의 크기를 더하거나 빼줍니다.
또는 다음과 같이 시계의 시침과 분침이 정확하게 숫자를 가리키고 있다고 가정하여 그때의 각을 이용해 시침과 분침이 이루는 각의 크기를 구할 수도 있습니다.

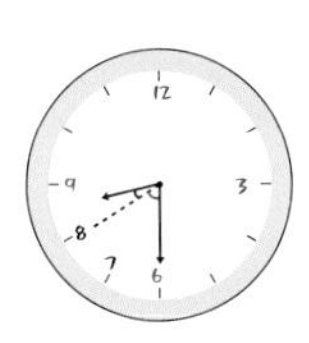

• 6~8 사이의 각은 60°
• 30분 동안 움직인 시침의 각은 15°
8시 30분일 때의 각도:
60° +15° =75°

• 4~7 사이의 각은 90°
• 20분 동안 움직인 시침의 각은 10°
7시 20분일 때의 각도:
90° +10° =100°

시침은 12시간 동안 360°를 움직이므로 한 시간에 30°, 30분에 15°, 10분에 5°씩 움직입니다.
분침은 1시간 동안 360°를 움직이므로 30분에 180°, 10분에 60°, 5분에 30°씩 움직입니다.

Creative 팩토

직사각형 모양의 색종이를 그림과 같이 접었습니다. 빈칸에 알맞은 수를 써넣으시오.

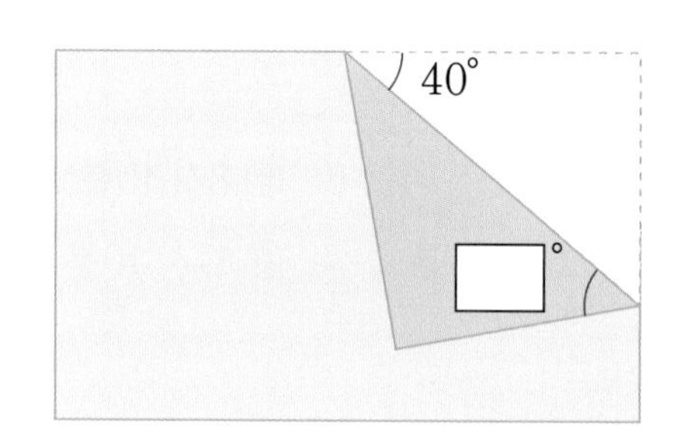

Key Point

접어서 사라진 삼각형과 새로 만들어진 삼각형의 모양은 서로 같습니다.

종이 테이프를 그림과 같이 2번 접었습니다. 각 ㉠, ㉡의 크기를 각각 구하시오.

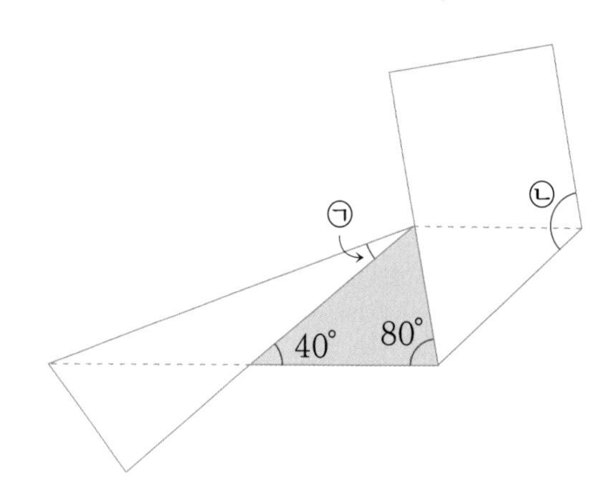

Key Point

펼친 모양을 그려 크기가 같은 각을 찾아 표시합니다.

다음 도형 중 바닥을 빈틈없이 깔 수 있는 도형을 모두 고르시오.

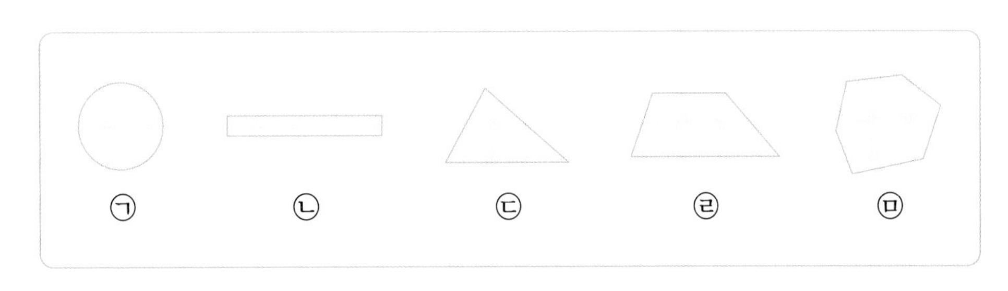

Key Point

삼각형, 사각형 모양의 타일은 항상 바닥을 빈틈없이 깔 수 있습니다.

현아는 아침 7시 30분에 집에서 나와 학교로 갔습니다. 수업을 마친 현아가 집으로 돌아와 보니, 오후 1시 10분이었습니다. 아침 7시 30분부터 현아가 집에 돌아올 때까지 시계의 시침은 몇 도 움직였습니까?

Key Point

시침은 1시간에 30°, 30분에 15°, 10분에 5°씩 움직입니다.

시계의 시침과 분침이 이루는 작은 각의 크기를 구하시오.

Key Point

시침은 60분 동안 30°, 30분 동안 15°씩 움직입니다.

그림에서 서로 평행한 직선을 찾아 짝지으시오.

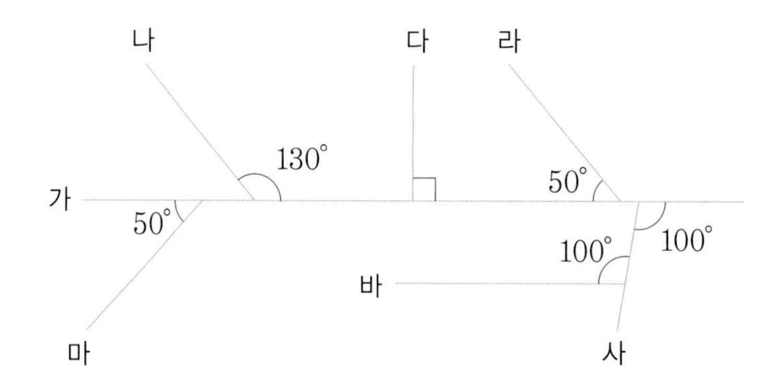

Key Point

두 직선을 동시에 지나는 직선의 엇각, 동위각의 크기가 같으면 두 직선은 서로 평행합니다.

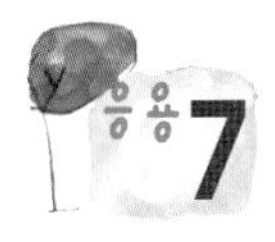

숫자가 쓰여 있지 않은 시계의 시침과 분침이 이루는 작은 각의 각도가 그림과 같이 100° 인 시각을 구하려고 합니다. 물음에 답하시오.

(1) 다음과 같은 경우, 시침과 분침이 이루는 각의 크기가 100° 입니다. 시침이 숫자가 쓰여진 눈금과 10° 만큼 떨어질 때는 정각으로부터 몇 분이 지난 후입니까?

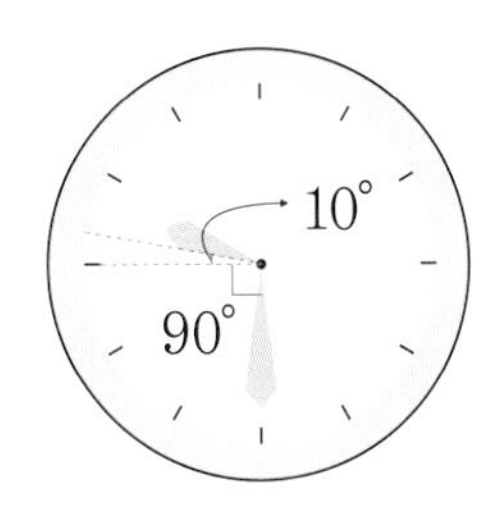

(2) (1)에서 분침이 가리키는 곳의 숫자와 그때의 시각을 구하시오.

(3) 빈칸에 들어갈 수를 구하고, 시침은 점선으로 표시된 눈금으로부터 몇 분 동안 움직였는지 구하시오. 또, 그때의 시각을 구하시오.

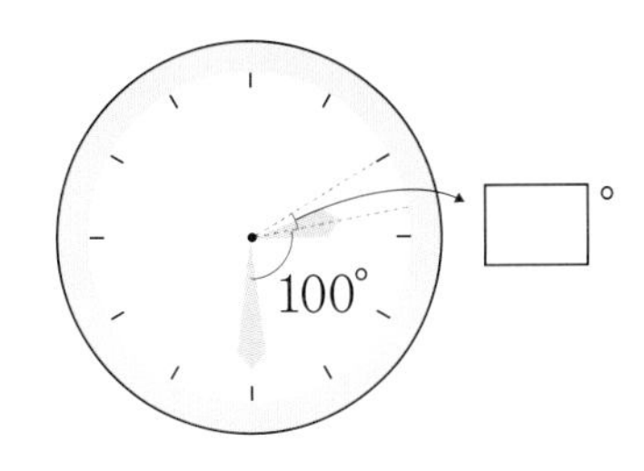

직선 가, 나가 서로 평행할 때, 각 ㉠의 크기를 구하시오.

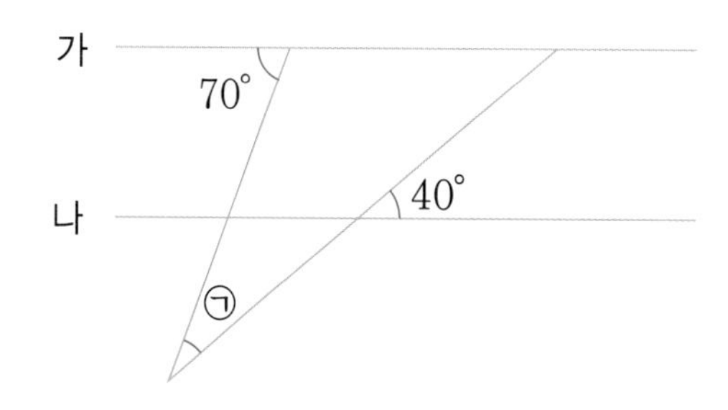

육각형의 내각의 합을 구하기 위해서 그림과 같이 육각형을 삼각형 4개로 나누었습니다. 그림을 이용해 육각형의 내각의 합을 구하고, 그 이유를 설명하시오.

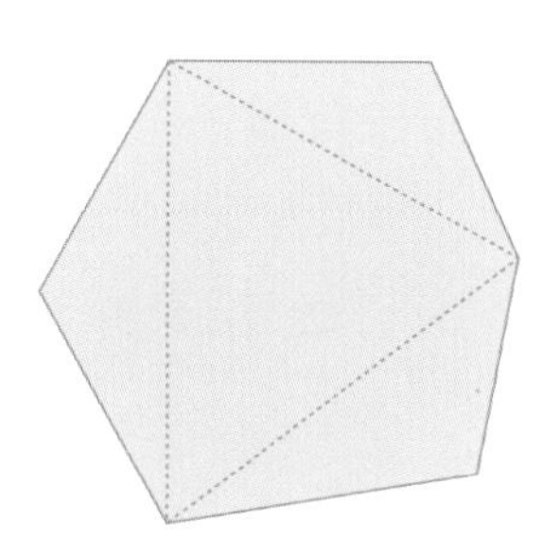

그림과 같이 삼각형 모양의 색종이를 접었습니다. 각 ㉠의 크기를 구하시오.

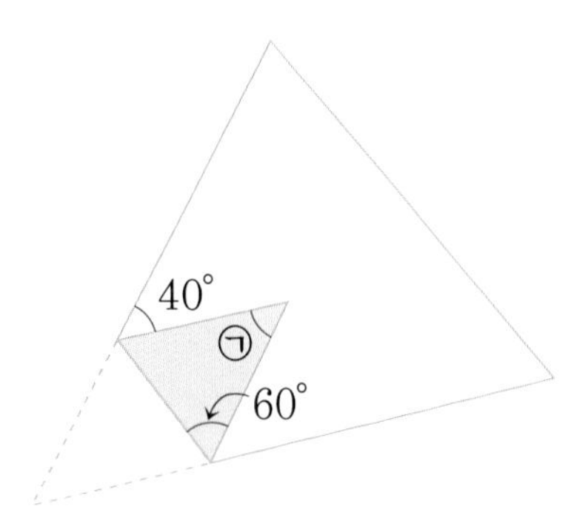

상현이는 3시 정각에 수학 문제를 풀기 시작했습니다. 수학 문제를 풀고 시계를 보니 분침이 시침보다 110° 더 많이 움직였습니다. 상현이가 문제를 다 풀고 시계를 다시 본 시각을 구하시오.

별 모양의 그림에서 표시된 각의 크기의 합을 알아보려고 합니다. 물음에 답하시오.

(1) 그림과 같이 선을 그었습니다. 각 ●, ■의 크기의 합과 각 ○, □의 크기의 합은 서로 같습니다. 그 이유를 설명하시오.

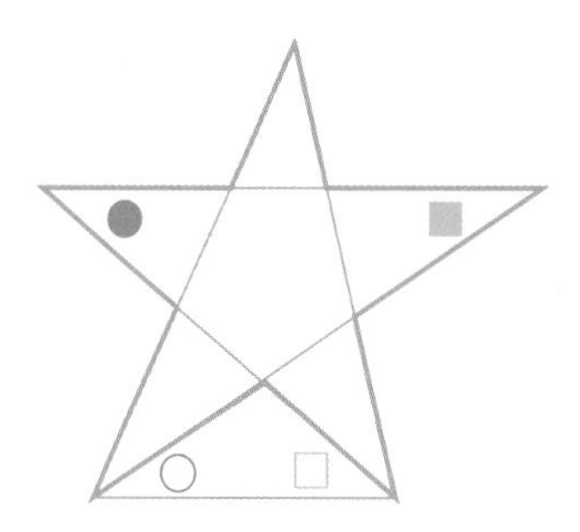

(2) 다음 그림에서 표시된 각의 크기의 합을 구하시오.

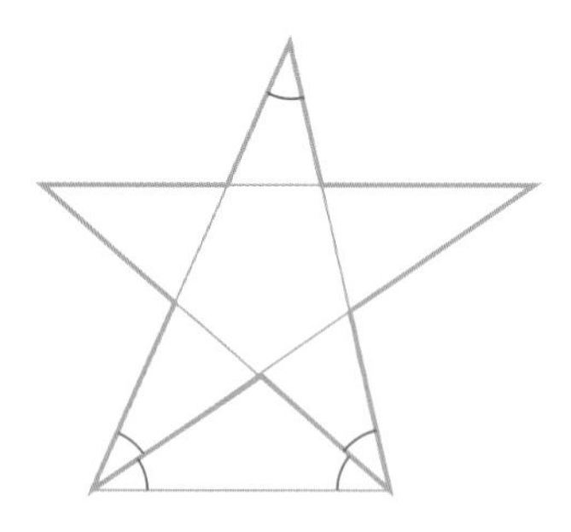

(3) 별 모양의 그림에서 표시된 각의 크기의 합을 구하시오.

직사각형 모양의 타일에서 그림과 같이 삼각형 2개를 잘라내어 사다리꼴 모양의 타일을 만들었습니다. 이 타일을 원 모양으로 이어 붙이려면 타일이 몇 장 필요한지 구하려고 합니다. 물음에 답하시오.

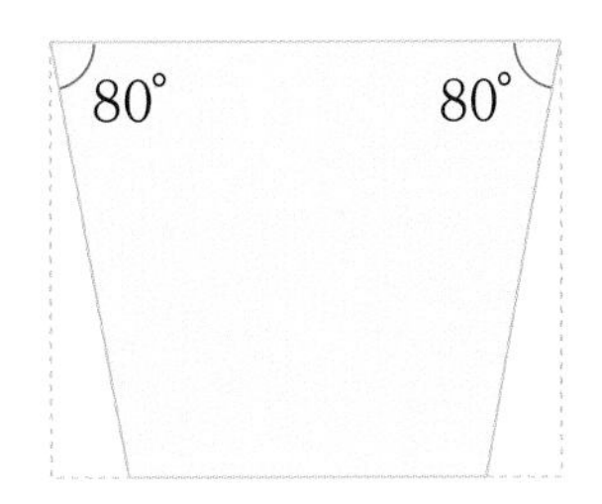

(1) 그림과 같이 타일의 두 변을 연장하여 삼각형을 만들었습니다. 표시된 각의 크기를 구하시오.

(2) (1)에서 만든 삼각형 모양을 이어 원 모양으로 만들려고 합니다. 몇 개를 붙여야 합니까?

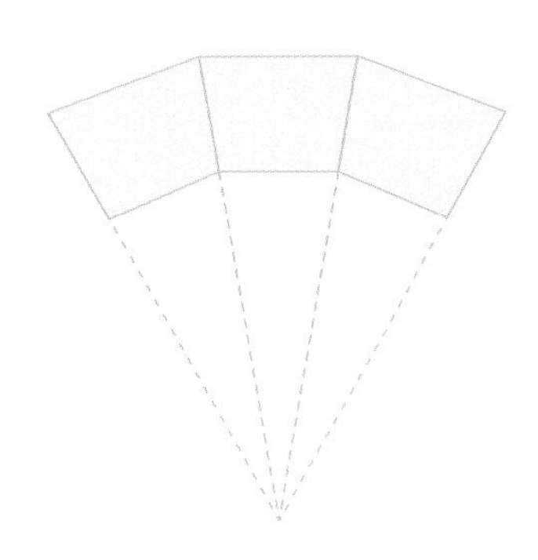

Memo

자르는 선

창의사고력 초등 수학 팩토

팩토 Lv.4 – 실전 A

총 괄 평 가

권장 시험 시간	50분

유 의 사 항

- 총 문항 수(10문항)를 확인해 주세요.
- 권장 시험 시간(50분) 안에 문제를 풀어 주세요.
- 부분 점수가 있는 문제들이 있습니다. 끝까지 포기하지 말고 최선을 다해 주세요.

시험일시 ________ 년 ____ 월 ____ 일

이 름 ______________________

채점 결과를 매스티안 홈페이지(http://www.mathtian.com)에 방문하여 양식에 맞게 입력해 보세요.
「총괄평가 결과지」를 직접 받아보실 수 있습니다.

매스티안

총괄평가

1 다음 5장의 카드에 쓰인 두 수를 더하여 만들 수 있는 새로운 수를 모두 더하면 얼마인지 구하시오.

2	3	8	15	24

답 ________

2 다음의 카드를 한 번씩만 사용하여 2로 나누어떨어지는 세 자리 수 2개를 만들려고 합니다. 두 수의 차가 가장 클 때, 그 차는 얼마인지 구하시오.

7	4	1	9	5	6

답 ________

3 가로, 세로, 대각선에 놓인 세 수의 합이 모두 같도록 빈칸에 알맞은 수를 써넣으시오.

		6
9		
	3	10

총괄평가

4 성냥개비로 만든 다음 계산식에는 틀린 곳이 있습니다. 성냥개비를 1개만 움직여 등호(=)의 양쪽 값이 같도록 만들고, 이를 식으로 쓰시오.

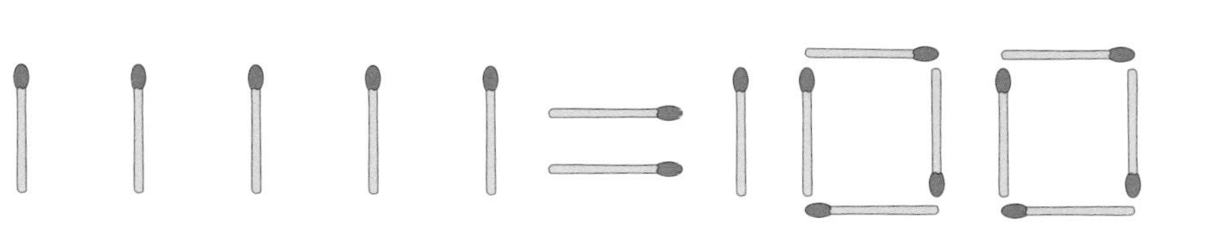

식 ______________________

5 일정한 간격으로 점이 찍혀 있는 점판에 점을 이어 그릴 수 있는 서로 다른 직사각형은 모두 몇 가지인지 구하시오.

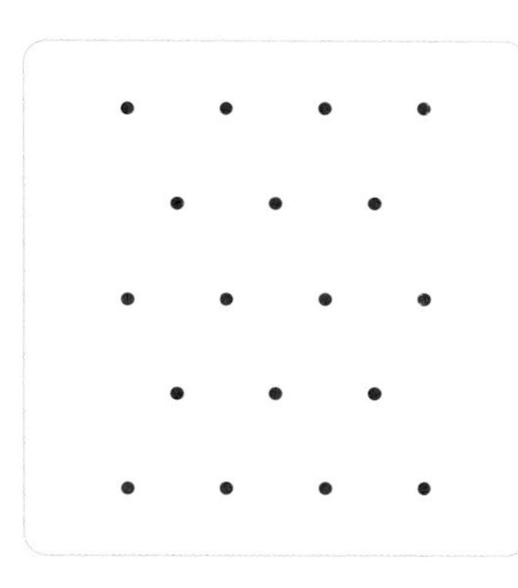

답 ________ 가지

6 원 위에 6개의 점이 일정한 간격으로 찍혀 있습니다. 점을 이어 그릴 수 있는 이등변삼각형은 모두 몇 개인지 구하시오.

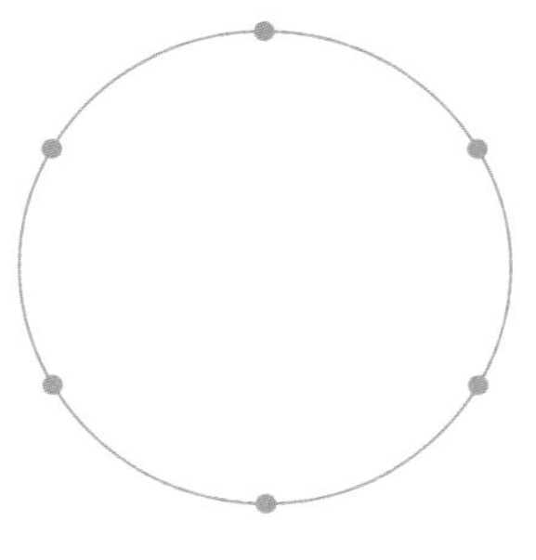

답 ________ 개

7 바둑돌을 다음과 같은 규칙으로 놓았을 때, 열두째 번에 놓인 바둑돌은 모두 몇 개인지 구하시오.

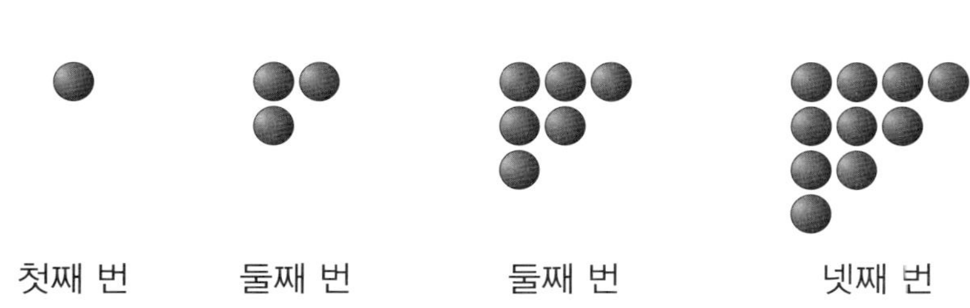

답 ________ 개

8 다음은 어떤 규칙에 따라 수들을 늘어놓은 것입니다. ㉠, ㉡에 들어갈 알맞은 수를 구하시오.

2 3 8 9 14 27 ㉠ 81 26 ㉡ 32 …

답 ㉠: ________, ㉡: ________

총괄평가

9 다음 도형에 표시된 각의 크기의 합을 구하시오.

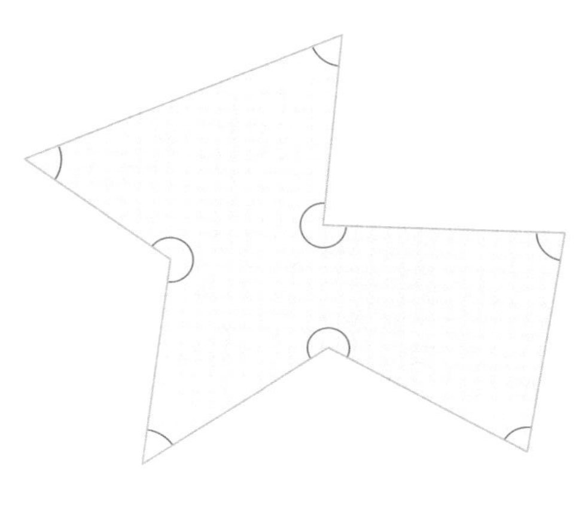

답 ____________

10 오후 10시 20분부터 오전 6시 30분까지 시계의 시침은 몇 도 움직였는지 구하시오.

답 ____________

수고하셨습니다.

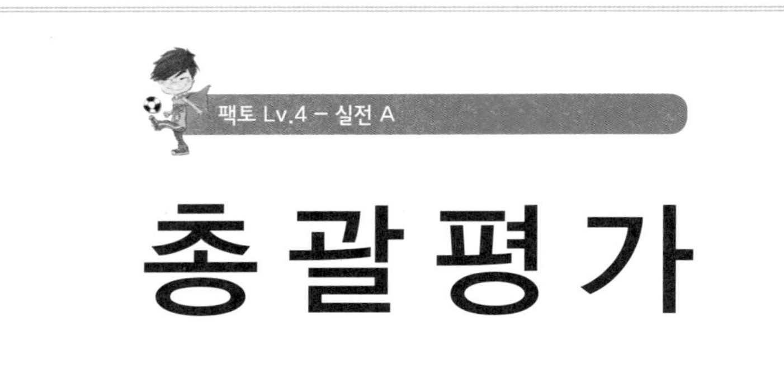

팩토 Lv.4 – 실전 A

총괄평가

총괄평가 해답 Lv.4 – 실전 A

1 두 수를 더하여 새로운 수를 만들면 10개의 수를 만들 수 있습니다. 이때, 각각의 수는 다른 나머지 네 수와 한 번씩 더해집니다. 따라서 같은 수를 네 번씩 더한 것과 같습니다. $(2+3+8+15+24)\times4=208$

답 208

2 두 수의 차가 가장 크려면 (가장 큰 세 자리 수)−(가장 작은 세 자리 수)가 되어야 합니다. 또, 2로 나누어떨어지는 세 자리 수가 되려면 일의 자리 숫자는 4 또는 6이어야 하므로 백의 자리 숫자와 십의 자리 숫자는 4와 6을 제외한 가장 큰 수와 작은 수가 되어야 합니다. 그러므로 두 수의 차가 가장 클 때, 그 차는 $976-154=822$입니다.

답 822

3 다음과 같은 순서로 각 칸에 수를 써넣습니다.

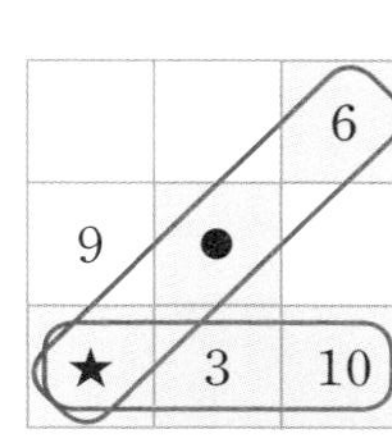

가로와 대각선의 세 수의 합이 같아야 하므로 ★$+3+10=$★$+$●$+6$입니다. ★은 공통이므로 $3+10=$●$+6$이므로 ●$=7$입니다.

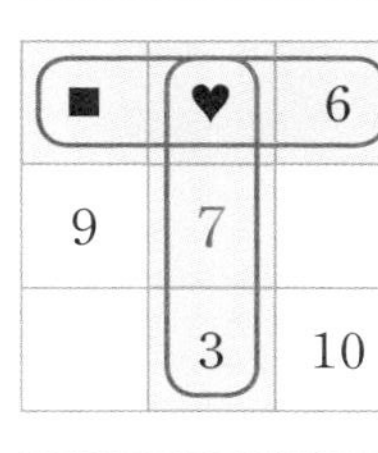

가로와 세로의 세 수의 합이 같아야 하므로 ■$+$♥$+6=$♥$+7+3$입니다. 양변에서 ♥를 빼면 ■$+6=7+3$이므로 ■$=4$입니다.

색칠된 대각선의 세 수의 합이 21이므로 다른 방향의 세 수의 합도 21이 되어야 합니다.

답 풀이 참고

4

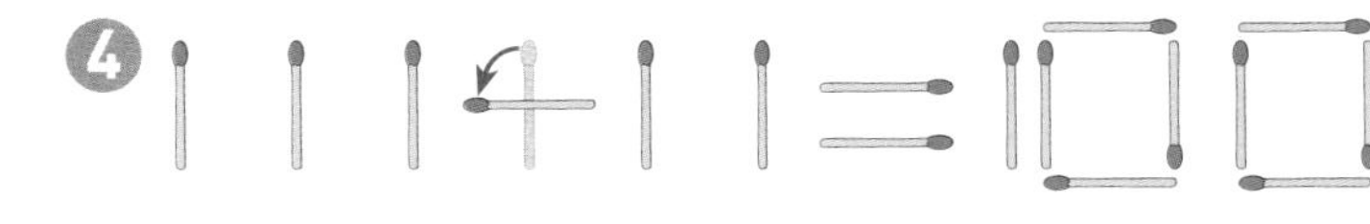

답 $111-11=100$

5

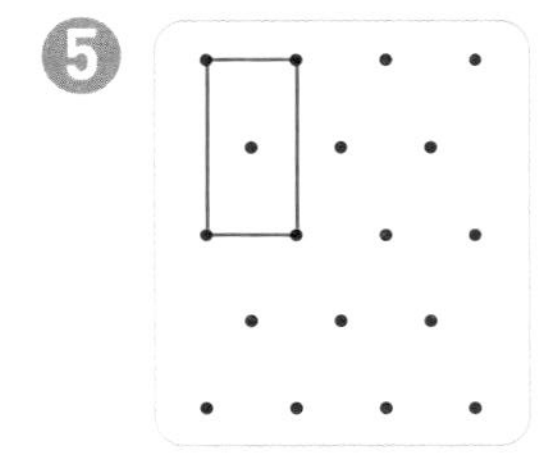
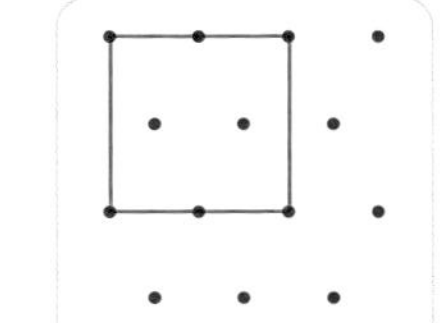
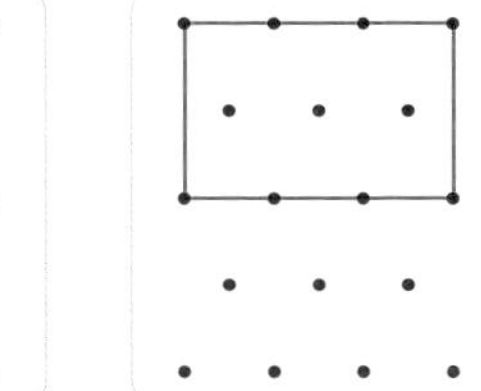

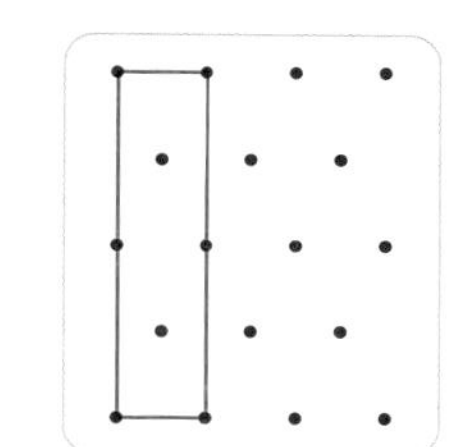
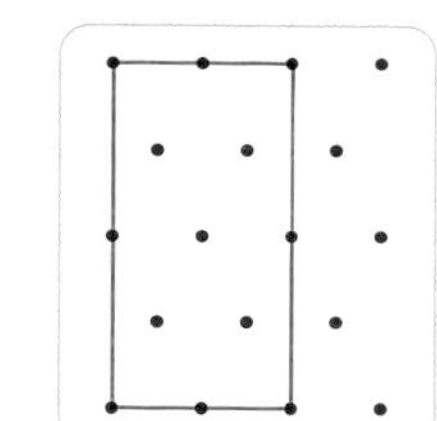
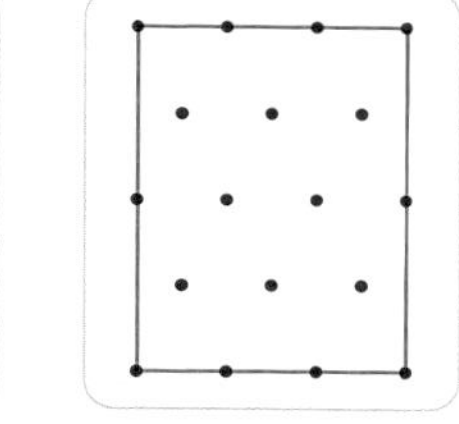

답 6

6 이등변삼각형은 모두 8개 그릴 수 있습니다.

6개

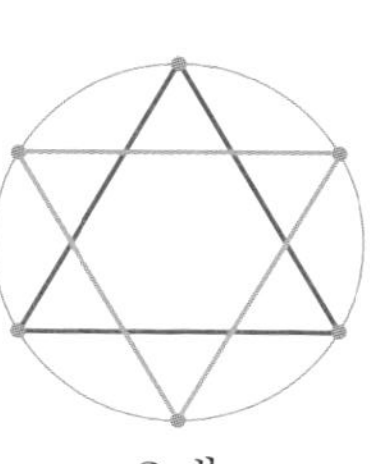
2개

답 8

7 첫째 번에는 바둑돌이 1개,
둘째 번에는 바둑돌이 $(1+2)$개,
셋째 번에는 바둑돌이 $(1+2+3)$개,
⋮
이와 같은 규칙으로 놓으면 열두째 번에 놓인 바둑돌은 모두 $1+2+\cdots+11+12=78$(개)입니다.

답 78

8 홀수째 번 수는 2, 8, 14, ㉠, 26, 32, …로 2에서 시작하여 6씩 커집니다. 짝수째 번 수는 3, 9, 27, 81, ㉡, …로 3에서 시작하여 3배씩 커집니다. 따라서 ㉠은 $14+6=20$, ㉡은 $81\times3=243$입니다.

답 20, 243

9

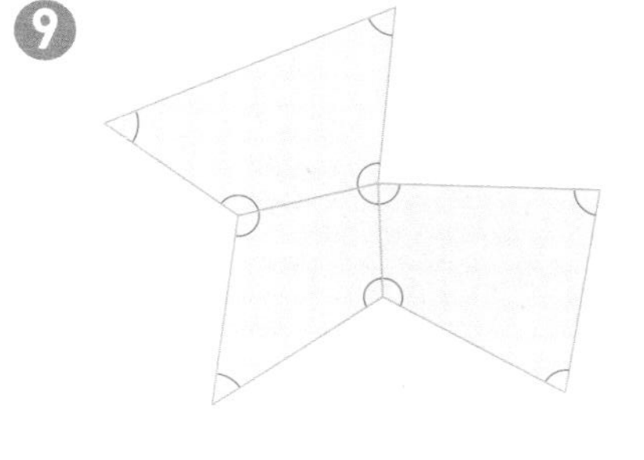

도형에 그림과 같이 보조선을 그으면 표시된 각의 크기의 합은 (사각형의 내각의 합)×3이 되므로 $360^\circ\times3=1080^\circ$입니다.

답 1080°

10 오후 10시 20분에서 오전 6시 30분: 8시간 10분
시침은 1시간에 30°움직이므로 8시간 동안 $30^\circ\times8=240^\circ$움직였고 10분 동안 $30^\circ\div6=5^\circ$움직였습니다. 따라서 시침은 $240^\circ+5^\circ=245^\circ$움직였습니다.

답 245°

총괄평가

정답 및 풀이

영재학급, 영재교육원, 경시대회 준비를 위한

창의사고력 초등 수학 팩토

바른 답 바른 풀이

Lv. 4

응용 A

영재학급, 영재교육원, 경시대회 준비를 위한

창의사고력 초등 수학 팩토

바른 답 바른 풀이

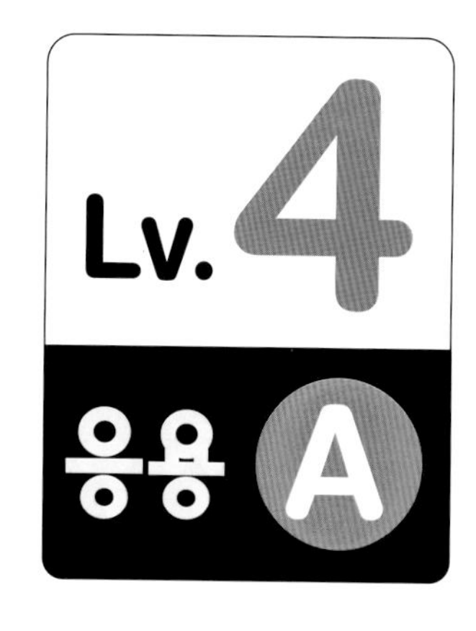

바른 답 · 바른 풀이

I 연산감각

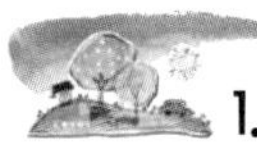

1. 간단하게 계산하기 P.8

Free FACTO

[풀이] 2990개짜리 묶음 2991개에서 2990개짜리 묶음 2989개를 빼는 것과 같습니다.
따라서 남는 것은 2990개짜리 묶음 2개이므로
$2990\times2=5980$
[답] 5980

[풀이] 두 식 모두 (46×56)이 공통으로 들어가므로 56과 46의 크기만 비교하면 됩니다.
$47\times56=(46\times56)+\boxed{56}$
$46\times57=(46\times56)+\boxed{46}$
따라서 47×56이 46×57보다 $\boxed{10}$ 더 큽니다.
[답] 56, 46, 10

[풀이] 3에서 15까지의 수의 합을 구하기 위해 다음과 같이 합이 18이 되도록 두 수를 연결합니다.
$3+4+5+6+7+8+9+10+11+12+13+14+15$

18이 6개 있고 9가 1개 있으므로 3에서 15까지의 합은 $18\times6+9\times1=117$입니다.
$117\div9=13$
[답] 13

2. 수 배열표에서 수의 합 P.10

Free FACTO

[풀이] 가운데 수를 □라 하면 9개의 수는 오른쪽과 같습니다. 9개의 수를 모두 더하면 9×□이고, 9×□=198이므로 가운데 수인 □=22입니다. 9개의 수 중에서 가장 작은 수는 □−8=22−8=14입니다.
[답] 14

□−8	□−7	□−6
□−1	□	□+1
□+6	□+7	□+8

[풀이] 가장 작은 수를 □라 하면 세 수는 □, □+8, □+16이 됩니다.
세 수의 합이 144이므로 □+(□+8)+(□+16)=144
3×□+24=144
3×□=120 □=40
[답] 40

[풀이] 연속된 네 수 중 가장 작은 수를 □라 하면 연속된 네 수의 합은
□+(□+1)+(□+2)+(□+3)=4×□+6=4×(□+1)+2입니다.
따라서 연속된 네 수의 합을 4로 나누면 나머지가 2가 됩니다.
50부터 100까지의 수 중 4로 나누면 나머지가 2인 수는 50, 54, 58, 62, 66, 70, 74, 78, 82, 86, 90, 94, 98로 모두 13개입니다.
[답] 13개

3. 만든 수의 합 P.12

Free FACTO

[풀이] 1, 2, 4, 8, 16 다섯 개의 수에서 서로 다른 두 수를 골라 합을 구하면
1+2=3, 1+4=5, 1+8=9, 1+16=17,
2+4=6, 2+8=10, 2+16=18,
4+8=12, 4+16=20,
8+16=24
이므로 10개의 새로운 수를 구할 수 있고, 이 10개의 수를 모두 더하면 124입니다.
3+5+9+17+6+10+18+12+20+24=124
[답] 124

[풀이] 두 수를 더하여 새로운 수를 만들면 10개의 수를 만들 수 있습니다. 이때, 각각의 수는 다른 나머지 네 수와 한 번씩 더하게 되므로 네 번씩 더해지게 됩니다. 따라서 다섯 개의 수를 네 번씩 더한 것과 같습니다.
(1+3+9+27+81)×4=484
[답] 484

[풀이] 2, 1, 4, 5 네 장의 숫자 카드로 이루어진 두 자리 수의 개수는 4×3=12개입니다. 2, 1, 4, 5 네 개의 숫자가 똑같이 사용되었으므로 각 숫자가 십의 자리와 일의 자리에 각각 12÷4= 3(번)씩 사용됩니다.
- 십의 자리: (2+1+4+5)×3×10=360
- 일의 자리: (2+1+4+5)×3×1=36

따라서 만들 수 있는 수들의 합은
360+36=396
[답] 396

해답

Creative 팩토 ······ P.14

1 [풀이] $9+99+999+9999+99999$

$=(10-1)+(100-1)+(1000-1)+(10000-1)+(100000-1)$

$=10+100+1000+10000+100000-5$

$=111110-5$

$=111105$

[답] 111105

2 [풀이] 4개의 수 중에서 가장 작은 수를 □라 하면, 네 수의 합은

□+(□+1)+(□+7)+(□+8)=4×□+16이 됩니다.

묶은 4개의 수의 합이 92일 때

4×□+16=92

4×□=76

□=19

[답] 19

······ P.15

3 [풀이] 105를 5개의 연속하는 수의 합으로 나타내면 (가운데 수)×5=105

(가운데 수)=105÷5=21

그러므로 105=19+20+21+22+23으로 나타낼 수 있고, 이때 가장 큰 수는 23입니다.

[답] 23

4 [풀이] 33333×33334는 33333이 33334개 있는 것이고, 33333×66666은 33333이 66666개 있는 것입니다. 따라서 33333이 33334+66666=100000(개) 있는 것과 같습니다.

$33333\times33334+33333\times66666$

$=33333\times(33334+66666)$

$=33333\times100000$

$=3333300000$

[답] 3333300000

······ P.16

5 [풀이] 두 자리 수는 모두 5×4=20(개) 만들 수 있습니다. 20개의 각 자리에 5개의 숫자(1, 2, 3, 4, 5)가 똑같이 사용되었으므로 각 숫자가 모든 자리에 20÷5=4(번)씩 사용됩니다.

- 십의 자리: $(1+2+3+4+5)\times4\times10=600$
- 일의 자리: $(1+2+3+4+5)\times4\times1=60$

따라서 만들 수 있는 수들의 합은

$600+60=660$

[답] 660

[풀이] 5의 배수와 짝수를 곱하면 0이 나오므로, 원래 두 수가 가지고 있던 0의 개수에 (5의 배수)×(짝수)에서 구해진 0의 개수를 더하면 됩니다.
각 곱의 0의 개수를 구해 보면 ① 4개 ② 5개 ③ 6개 ④ 5개 ⑤ 5개이므로 답은 ③입니다.
[답] ③

P.17

[풀이] 두 자리 짝수를 만들어야 하므로 일의 자리에 올 수 있는 숫자는 2와 4입니다.
일의 자리가 2일 때 만들 수 있는 두 자리 수는 12, 32, 42, 52
일의 자리가 4일 때 만들 수 있는 두 자리 수는 14, 24, 34, 54
따라서 만들 수 있는 모든 수들의 합은
$(12+32+42+52)+(14+24+34+54)=138+126=264$입니다.
[답] 264

[풀이] (i) 일의 자리 숫자가 5인 수를 모두 더하면
$5+15+25+35+45+55+65+75+85+95$
$=(1+2+3+4+5+6+7+8+9)\times10+(5\times10)$
$=450+50=500$
(ii) 십의 자리 숫자가 5인 수를 모두 더하면
$50+51+52+53+54+55+56+57+58+59$
$=50\times10+(1+2+3+4+5+6+7+8+9)$
$=500+45=545$
(i)과 (ii)에서 55는 중복되므로 구하는 값은
$500+545-55=990$
[답] 990

4. 합과 차의 최대, 최소

P.18

Free FACTO

[풀이] ① 차가 가장 클 때
가장 큰 수에서 가장 작은 수를 빼면 됩니다.

$$\begin{array}{r} 9\,8\,7\,5 \\ -\,1\,0\,2\,4 \\ \hline 8\,8\,5\,1 \end{array}$$

9875 ← 가장 큰 수, 1024 ← 가장 작은 수

② 차가 가장 작을 때
ㄱㄴㄷㄹ－ㅁㅂㅅㅇ이라고 할 때, ㄱ－ㅁ을 가장 작게 하고,
ㅂㅅㅇ－ㄴㄷㄹ을 가장 크게 하면 됩니다.

$$\begin{array}{r} 5\,0\,1\,2 \\ -\,4\,9\,8\,7 \\ \hline 2\,5 \end{array}$$

[답] 차가 가장 클 때: 8851, 차가 가장 작을 때: 25

[풀이] ① 합이 가장 클 때
합이 가장 커지려면 두 수 모두 커야 합니다.

$$\begin{array}{r} 841 \\ +\ 730 \\ \hline 1571 \end{array}$$

이때, 백의 자리 8, 7, 십의 자리 4, 3, 일의 자리 0, 1끼리는 바뀌어도 됩니다.
② 차가 가장 작을 때
차가 가장 작아지려면 두 수가 가장 가까운 수이어야 하는데, 두 수가 가장 가까우려면 백의 자리의 차가 가장 작게 하고, 뒤 두 자리 수의 차는 가장 커야 합니다.

$$\begin{array}{r} 401 \\ -387 \\ \hline 14 \end{array}$$

[답] 합이 가장 클 때: 1571, 차가 가장 작을 때: 14

[풀이] 두 수의 차가 가장 커지려면 (가장 큰 세 자리 수)−(가장 작은 세 자리 수)가 되어야 합니다. 또, 5로 나누어떨어지는 세 자리 수가 되려면 일의 자리 숫자는 5 또는 0이어야 하므로 백의 자리 숫자와 십의 자리 숫자는 0과 5를 제외한 가장 큰 수와 작은 수가 되어야 합니다. 그러므로 두 수의 차가 가장 클 때, 그 차는

$$\begin{array}{r} 845 \\ -230 \\ \hline 615 \end{array}$$

[답] 615

5. 괄호 P.20

Free FACTO

[풀이] 계산 결과가 분수 또는 소수가 아니므로 3으로 나누었을 때 나누어떨어져야 합니다.
따라서 3으로 나누어 떨어지도록 식을 ( )로 묶어 보면
$80-(40-4)\div3+3\neq15$, $(80-40-4)\div3+3=15$
첫째 번 식은 성립하지 않습니다.
[답] $(80-40-4)\div3+3=15$

[풀이] 괄호가 있는 경우와 없는 경우를 모두 직접 계산해 보면 답은 ⑤입니다.
① $20\times(4+5)=180$ $20\times4+5=85$
② $80-(24+6)=50$ $80-24+6=62$
③ $80-(40-10)=50$ $80-40-10=30$
④ $60\div(3\times2)=10$ $60\div3\times2=40$
⑤ $50+(20-15)=55$ $50+20-15=55$
[답] ⑤

[풀이] 계산 결과가 크려면 곱하는 수가 최대한 크고, 빼거나 나누는 수가 작으면 됩니다.
$(8+20)\times5-3+6\div2$
$=28\times5-3+6\div2$
$=140-3+3$
$=140$

[답] 140

6. 복면산 P.22

Free FACTO

[풀이] (세 자리 수)+(두 자리 수)를 하여 네 자리 수가 되었으므로 합의 천의 자리 숫자인 ▲=1입니다. ■=9가 되어야 받아올림이 있을 때 ▲=1이 될 수 있으므로 ■=9입니다. 또, ■=9일 때, ◆=0입니다. 1+★=9에서 ★=8이고, ●=5가 되어야 합니다.
[답] ■=9, ●=5, ▲=1, ★=8, ◆=0

[풀이] 백의 자리를 보면 ▲=●+1이므로 ▲와 ●의 차는 1이고, ▲>●입니다. 서로 1 차이가 나는 서로 다른 두 숫자를 대입해 보면 ●=8, ▲=9일 때 식이 성립됩니다.
[답] ●=8, ▲=9

[풀이] ㉣×4의 일의 자리가 ㉠이므로 ㉠은 0, 2, 4, 6, 8이 될 수 있습니다. 그런데 천의 자리 숫자가 ㉠이고, 계산 결과 받아올림이 안 되었으므로 ㉠=2입니다.
㉣×4=□2가 되어야 하므로 ㉣은 3, 8이 될 수 있습니다.
그러나 천의 자리 숫자가 2이고, 4×2=8에서 ㉣은 최소 8이 되어야 하므로 ㉣은 3이 아닙니다.
따라서 ㉣=8입니다.

정리해 보면

```
  2 ㉡ ㉢ 8
×        4
----------
  8 ㉢ ㉡ 2
```

천의 자리 숫자가 2×4=8이므로 백의 자리 계산에서 받아올림이 되지 않음을 알 수 있습니다. ㉠=2이므로 ㉡이 될 수 있는 숫자는 0과 1입니다.

㉡= 0일 때

```
  2 0 ㉢ 8
×       4
---------
  8 ㉢ 0 2
```

4×㉢+3=□0이 되려면 4×㉢의 일의 자리가 홀수인 7이 되어야 하므로 성립되지 않습니다.

㉡= 1일 때

```
  2 1 ㉢ 8
×       4
---------
  8 ㉢ 1 2
```

4×㉢+3=□1이 되려면 4×㉢의 일의 자리가 8이 되어야 합니다. ㉢=2나 7이 되어야 하는데 ㉠=2이기 때문에 ㉢=7입니다.

그러므로

```
  2 1 7 8
×       4
---------
  8 7 1 2
```

[답] ㉠=2, ㉡=1, ㉢=7, ㉣=8

해답

Creative 팩토 P.24

[풀이] 50에서 20을 빼면 30이 되므로 2+3×4가 20이 되도록 ( )를 넣습니다.

$50-(2+3)\times4=30$

[답] $50-(2+3)\times4=30$

[풀이] ① 합이 가장 클 때

큰 수 2, 3, 4, 5를 사용합니다.

$$\begin{array}{r} 53 \\ +42 \\ \hline 95 \end{array}$$

십의 자리 5, 4, 일의 자리 3, 2끼리는 바뀌어도 됩니다.

② 합이 가장 작을 때

작은 수 0, 1, 2, 3을 사용하여 십의 자리에 0을 제외한 가장 작은 숫자를, 일의 자리에는 다음 작은 숫자를 사용합니다.

$$\begin{array}{r} 10 \\ +23 \\ \hline 33 \end{array}$$

십의 자리 1, 2, 일의 자리 0, 3끼리는 바뀌어도 됩니다.

[답] 합이 가장 클 때: 95, 합이 가장 작을 때: 33

.... P.25

[풀이] (네 자리 수)−(세 자리 수)=(한 자리 수)이므로 ■=1이 됩니다.

$$\begin{array}{r} 1▲▲▲ \\ -\ ●●● \\ \hline 1 \end{array}$$

천의 자리에서 받아내림을 해야 하므로 ▲는 ●보다 작은 숫자입니다.
일의 자리에서 1▲−●=1이므로 ▲=0, ●=9가 됩니다.

[답] ■=1, ▲=0, ●=9

[풀이] 계산 결과가 가장 작아지려면 40에서 최대한 큰 수를 뺍니다.

$40-(6+3)\times4+1+7$

$=40-9\times4+1+7$

$=40-36+1+7$

$=12$

[답] 12

.... P.26

[풀이] ① 합이 가장 클 때

$$\begin{array}{r} 961 \\ +\ 830 \\ \hline 1791 \end{array}$$

각 자리 숫자끼리는 바뀌어도 됩니다.

② 차가 가장 작을 때

ㄱㄴㄷ−ㄹㅁㅂ라고 할 때, ㄱ−ㄹ을 가장 작게 하고 ㅁㅂ−ㄴㄷ을 가장 크게 합니다.

$$\begin{array}{r} 901 \\ -863 \\ \hline 38 \end{array}$$

[답] 합이 가장 클 때: 1791, 차가 가장 작을 때: 38

[풀이] (세 자리 수)+(세 자리 수)=(네 자리 수)가 되므로 합의 가장 큰 자리 숫자인 ■=1

$$\begin{array}{r} ▲■● \\ +\ ●■▲ \\ \hline ■■●■ \end{array} \Rightarrow \begin{array}{r} ▲1● \\ +\ ●1▲ \\ \hline 11●1 \end{array}$$

●와 ▲는 0, 1이 될 수 없으므로 ●+▲=11이고,
십의 자리에 받아올림이 되었으므로 ●=3이 됩니다.

따라서 ▲=8이고, 식을 정리하면

$$\begin{array}{r} 8\ 1\ 3 \\ +\ \ 3\ 1\ 8 \\ \hline 1\ 1\ 3\ 1 \end{array}$$

[답] ■=1, ▲=8, ●=3

P.27

[풀이] ① 4, 6, 8로 가장 큰 수를, 3, 5, 9로 가장 작은 수를 만든 경우

$$\begin{array}{r} 8\ 6\ 4 \\ -\ 3\ 5\ 9 \\ \hline 5\ 0\ 5 \end{array}$$

② 4, 6, 8로 가장 작은 수를, 3, 5, 9로 가장 큰 수를 만든 경우

$$\begin{array}{r} 9\ 5\ 3 \\ -\ 4\ 6\ 8 \\ \hline 4\ 8\ 5 \end{array}$$

따라서 차가 가장 클 때의 값은 ①의 경우로 505입니다.
[답] 505

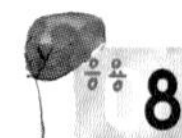

[풀이] 세 개의 식에서 곱셈, 나눗셈을 먼저 계산하면 식이 성립되지 않으므로 덧셈, 뺄셈이 먼저 계산되도록 괄호를 넣어 봅니다.
[답] $10+8\times(6-4)\div2=18$
$(10+8\times6-4)\div2=27$
$10+(8\times6-4)\div2=32$

Thinking 팩토 P.28

[풀이] 495가 공통으로 들어가 있으므로 495를 제외한 수들의 곱만 비교해 보면 됩니다.
① $4\times8=32$ ② $3\times12=36$
③ $7\times5=35$ ④ $6\times6=36$
⑤ $19\times2=38$
그러므로 답은 ⑤입니다.
[답] ⑤

[풀이] 계산 결과가 가장 커지려면 더하는 수는 크게, 빼는 수는 작게 만들어야 합니다.
$975+864-123=1716$
이때 975와 864는 964, 875와 같이 같은 자리를 나타내는 숫자들이 서로 바뀌어도 됩니다.
[답] 1716

P.29

[풀이] (1) ▲+■+●의 일의 자리 숫자가 ●이므로 ▲+■=10입니다.

(2) 백의 자리 ▲+■+●=●■에서 ▲+■=10이므로 세 수의 합은 30보다 작습니다. 그러므로 ●는 1 또는 2입니다. ●=2일 때 ▲+■+●=12이므로 가능하지 않습니다. 따라서 ●=1입니다.

(3) 십의 자리에서 ■는 ▲+■+1에 일의 자리에 받아올림이 된 1을 더한 값입니다.

▲+■+1+1=10+1+1=12이므로

■=2

▲+■=10이므로 ▲=8입니다.

```
    ▲ ▲ ▲
    ■ ■ ■
+   1 1 1
---------
  1 ■ ■ 1
```

식을 정리해 보면

```
    1 1
    8 8 8
    2 2 2
+   1 1 1
---------
  1 2 2 1
```

[답] (1) 10 (2) 1 (3) ▲=8, ■=2

P.30

[풀이] 곱셈, 나눗셈을 먼저 계산하면 102가 나오지 않으므로 덧셈, 뺄셈을 먼저 계산할 수 있도록 괄호를 넣습니다.

$(5+7)\times8+12\div4-2$에서 $(5+7)\times8$의 값이 96이므로

102가 되기 위해서는 뒤에 있는 식의 값이 6이 되어야 합니다. $12\div(4-2)=6$

[답] $(5+7)\times8+12\div(4-2)=102$

[풀이] 세 수 중 가장 작은 수를 □라 하면 세 수는 □, □+1, □+6입니다.

따라서 세 수의 합은 3×□+7=100

3×□=93, □=31

가장 작은 수는 31입니다.

[답] 31

P.31

[풀이] (1) 십의 자리에 들어갈 수 있는 숫자는 2, 3, 4, 5의 4가지이고, 일의 자리에 들어갈 수 있는 숫자는 십의 자리에 들어간 1개를 뺀 3가지입니다. 따라서 모두 $4\times3=12$(개)입니다.

(2) $5\times12=60$(개)

(3) 60개의 세 자리 수를 만들 수 있으므로 숫자의 개수는 $60\times3=180$(개)
1, 2, 3, 4, 5가 각각 같은 개수만큼 사용되었으므로 $180\div5=36$으로 1은 36번 사용됩니다.
또, 1은 백의 자리, 십의 자리, 일의 자리에 같은 횟수만큼 사용되었으므로 각 자리에 $36\div3=12$(번)씩 사용되었습니다.

(4) 백의 자리에 사용된 경우와 십의 자리에 사용된 경우, 일의 자리에 사용된 경우를 모두 합하면
$(1+2+3+4+5)\times100\times12+(1+2+3+4+5)\times10\times12+(1+2+3+4+5)\times1\times12$
$=18000+1800+180$
$=19980$

[답] (1) 12개 (2) 60개 (3) 백의 자리: 12번, 십의 자리: 12번, 일의 자리: 12번 (4) 19980

Ⅱ 퍼즐과 게임

1. 노노그램 P.34

Free FACTO

[풀이] (1 1 1)은 색칠한 칸 사이에 반드시 빈칸이 있어야 하므로 먼저 (1 1 1)을 칠합니다.
가로, 세로의 가운데 줄에 3이 있으므로 가운데 한 칸을 더 색칠하면 됩니다.

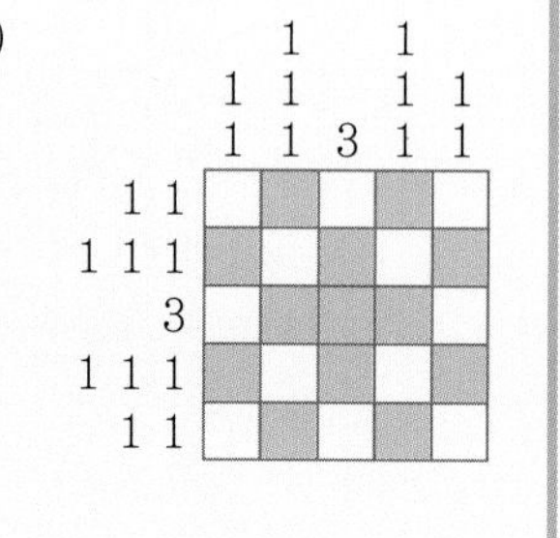

[답]

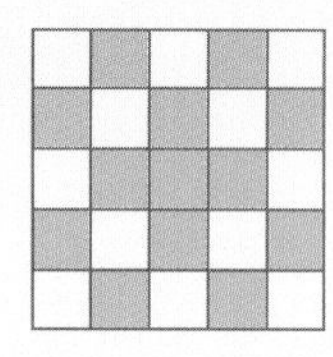

[풀이] (1 1 1)은 칠해진 칸 사이에 반드시 빈칸이 있어야 하므로 먼저 (1 1 1)을 칠합니다.

	1 1 1	1 1	2 1	1	2 1
1 1 1	■		■		■
4					
1	■				
1					
2 1	■				

4와 2를 규칙에 맞게 칠합니다.

	1 1 1	1 1	2 1	1	2 1
1 1 1	■		■		■
4		■	■	■	■
1	■				
1					
2 1	■	■			

나머지 칸을 칠해 노노그램을 완성합니다.

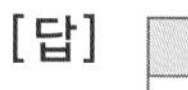

[답]

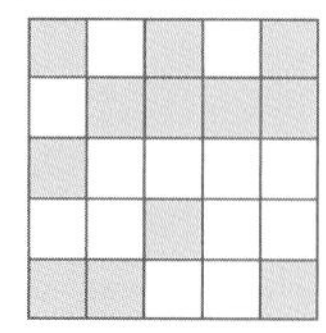

[풀이] 가로줄과 세로줄이 모두 1이므로 각 줄에 한 칸씩만 칠해야 합니다.

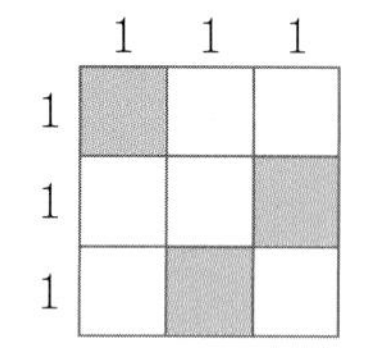

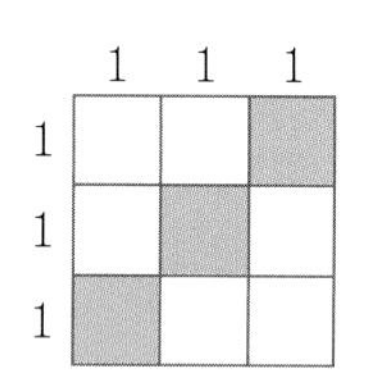

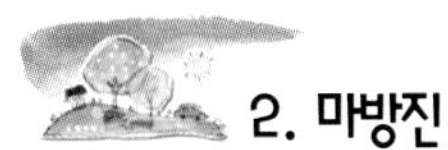

2. 마방진 P.36

Free FACTO

[풀이]

A	1	B
C	D	3
2	E	4

칠해진 가로와 세로의 세 수의 합이 같아야 하므로 A+1+B=B+3+4입니다.
양변에서 B를 빼면 A+1=3+4이므로 A=6입니다.

6	1	B
C	D	3
2	E	4

칠해진 가로와 세로의 세 수의 합이 같아야 하므로 6+C+2=C+D+3입니다.
양변에서 C를 빼면 6+2=D+3이므로 D=5입니다.

6	1	B
C	5	3
2	E	4

칠해진 대각선의 세 수의 합이 15이므로 다른 줄의 세 수의 합도 15이어야 합니다.
6+1+B=15에서 B=8, C+5+3=15에서 C=7, 2+E+4=15에서 E=9입니다.

[답]

6	1	8
7	5	3
2	9	4

[풀이]

5	10	A
B	C	D
9	E	7

칠해진 가로와 세로의 세 수의 합이 같아야 하므로 5+10+A=A+D+7입니다.
양변에서 A를 빼면 5+10=D+7이므로 D=8입니다.

5	10	A
B	C	8
9	E	7

칠해진 가로와 세로의 세 수의 합이 같아야 하므로 5+B+9=B+C+8입니다.
양변에서 B를 빼면 5+9=C+8이므로 C=6입니다.

5	10	A
B	6	8
9	E	7

칠해진 대각선의 세 수의 합이 18이므로 다른 줄의 세 수의 합도 18이어야 합니다. 5+10+A=18에서 A=3, B+6+8=18에서 B=4, 9+E+7=18에서 E=2입니다.

[답]

5	10	3
4	6	8
9	2	7

[풀이] 8+5=13이므로 4+B=13이 되어야 합니다. 따라서 B=9입니다. 또, A+D=13이 되어야 하므로 남은 수인 3, 6, 7 중에서 합이 13이 되는 6과 7이 A와 D에 들어가고, 남은 수인 3이 C에 들어가야 합니다.

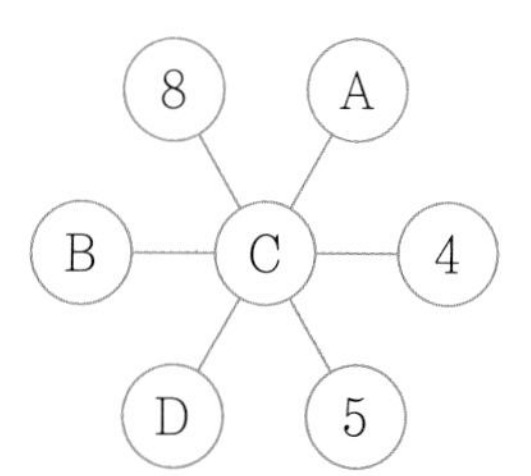

[답]

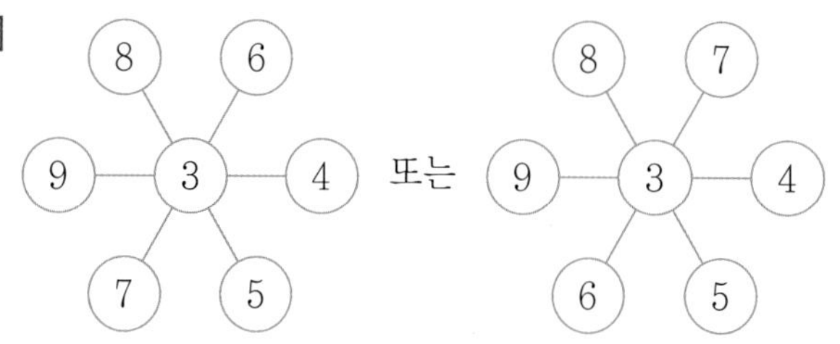

3. 게임의 승리 전략

P.38

Free FACTO

[풀이] 11개의 바둑돌에 다음과 같이 번호를 붙입니다.

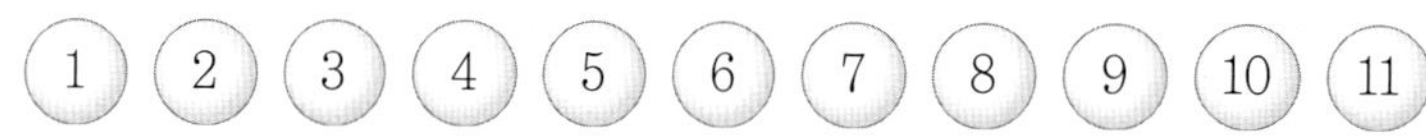

11번 바둑돌을 가지고 오면 지므로 이기기 위해서는 10번 바둑돌을 가지고 와야 합니다. 10번 바둑돌을 가지고 오기 위해서는 7번 바둑돌을 가지고 와야 합니다. 7번 바둑돌을 가지고 왔을 때, 상대방이 8, 9번 두 개의 바둑돌을 가지고 가면, 10번 바둑돌을 가지고 오고, 상대방이 8번 한 개의 바둑돌을 가지고 가면, 9, 10번 두 개의 바둑돌을 가지고 옵니다.
같은 방법으로 4번 바둑돌을 가지고 와야 이길 수 있고, 1번 바둑돌을 가지고 와야 이길 수 있습니다.
따라서 처음에 1개의 바둑돌을 먼저 가지고 오면 이길 수 있습니다.
[답] 1개

[풀이] 17을 부르는 사람이 지므로 미진이는 16을 불러야 이길 수 있습니다.
한 번에 최대 2개까지 부를 수 있으므로 16을 부르기 위해서는 13을 불러야 합니다.
미진이가 13을 불렀을 때, 한결이가 14를 부르면 15, 16을 부르고, 한결이가 14, 15를 부르면 16을 부릅니다.
같은 방법으로 13을 부르기 위해서는 10, 7, 4를 불러야 합니다.
따라서 미진이는 4만 불러야 이길 수 있습니다.
[답] 4, 이유: 풀이 참조

Creative 팩토

P.40

1 [답]

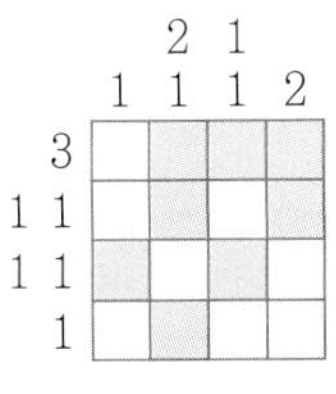

	0	3	3	3	0
0					
3		■	■	■	
3		■	■	■	
3		■	■	■	
0					

	1	1 3	2 2	1	3
2		■	■		
1 1			■		■
2 2	■	■		■	■
2 1		■	■		■
2		■	■		

	4	6	1 2	1 2	1 2	1 2	6	4
2 2		■	■			■	■	
2 2 2	■	■		■	■		■	■
2 2	■	■					■	■
2 2	■	■					■	■
2 2	■	■					■	■
2 2		■	■			■	■	
4			■	■	■	■		
2				■	■			

P.41

2 [풀이]

4	9	5	A
B	7	C	2
D	6	10	3
1	E	8	F

칠해진 가로와 세로의 네 수의 합이 같아야 하므로
4+9+5+A=A+2+3+F입니다.
양변에서 A를 빼면 4+9+5=2+3+F이므로 F=13입니다.
F가 13이면 ↘ 방향의 네 수의 합이 4+7+10+13=34이므로
다른 방향의 네 수의 합도 34가 되어야 합니다.

4	9	5	A
B	7	C	2
D	6	10	3
1	E	8	13

칠해진 세 줄에서 4+9+5+A=34이므로 A=16,
D+6+10+3=34이므로 D=15,
1+E+8+13=34이므로 E=12입니다.

4	9	5	16
B	7	C	2
15	6	10	3
1	12	8	13

칠해진 두 줄에서 4+B+15+1=34이므로 B=14,
5+C+10+8=34이므로 C=11입니다.

[답]

4	9	5	16
14	7	11	2
15	6	10	3
1	12	8	13

3 [풀이] 한 원 위에 있는 네 수의 합이 모두 같아야 하므로 ㄱ+ㄴ+ㄷ+ㄹ=5+ㄴ+4+ㄹ입니다. → ㄱ+ㄷ=9 같은 방법으로 ㄴ+ㄹ=9가 되어야 합니다.
2, 3, 6, 7을 합이 9가 되는 두 수로 나누면 2, 7과 3, 6으로 나눌 수 있습니다.
따라서 (ㄱ, ㄷ)=(2, 7), (7, 2), (3, 6), (6, 3)이 될 수 있고,
ㄴ과 ㄹ에 남은 두 수를 넣으면 됩니다.

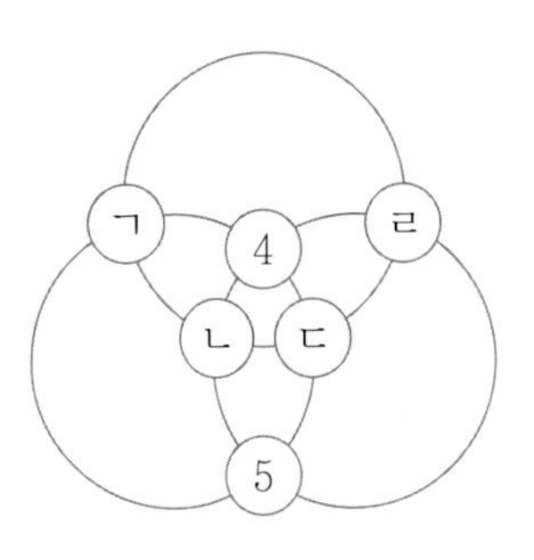

[답] 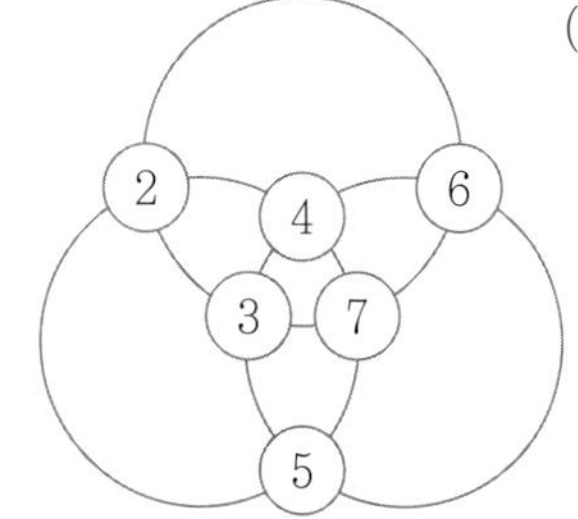

(여러 가지가 나올 수 있습니다.)

P.42

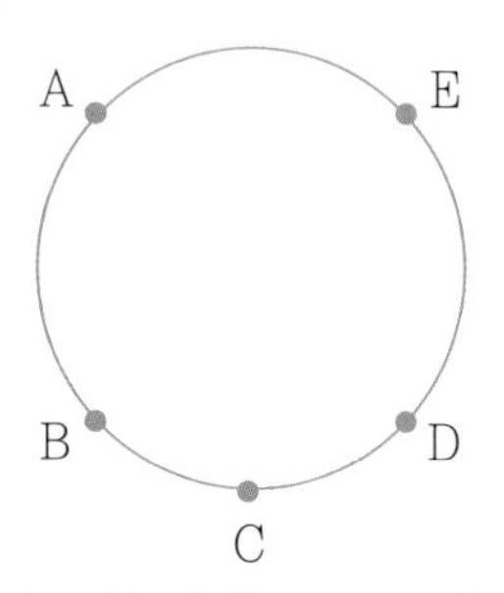

[풀이] (1) 점 A에서 B, C, D, E에 선분을 그을 수 있으므로 4개의 선분을, 점 B에서는 A를 제외한 C, D, E에 선분을 그을 수 있으므로 3개, 점 C에서는 D, E에 선분을 그을 수 있으므로 2개, 점 D에서는 E에 그을 수 있으므로 1개의 선분을 그을 수 있습니다.

따라서 원 위의 5개의 점에서는 모두 10개의 선분을 그을 수 있습니다. 선분이 짝수 개이고 마지막에 선분을 긋는 사람이 지므로 먼저 긋는 사람이 이기게 됩니다.

(2) 7개의 점이 있으므로 모두 $6+5+4+3+2+1=21$(개)의 선분을 그을 수 있습니다. 21은 3의 배수이므로 3명이 게임을 하게 되면 마지막에 하는 사람이 지게 됩니다. 따라서 진우가 지게 되고 종운이와 혜수가 이기게 됩니다.

[답] (1) 종운 (2) 종운, 혜수

P.43

[풀이] (1) 11번에 도착하면 이기므로 승호가 11에 도착하여야 합니다. 승호가 11에 도착하기 위해서는 승호가 8에 도착해야 합니다. 승호가 8에 도착하면 민호가 한 칸을 옮겨 9에 가면 승호는 두 칸을 옮겨 11에, 민호가 두 칸을 옮겨 10에 가면 승호는 1칸을 옮겨 11에 도착할 수 있습니다. 같은 방법으로 8에 도착하기 위해서는 승호가 5에 도착하여야 하고, 5에 도착하기 위해서는 승호가 2에 도착하여야 합니다.

따라서 승호가 먼저 바둑돌을 두 칸 옮기면 이길 수 있습니다.

(2) 11번에 도착하면 지므로 민호가 10에 도착하여야 합니다. 민호가 10에 도착하기 위해서는 민호가 6에 도착하여야 합니다. 민호가 6에 도착하면 승호가 한 칸을 옮겨 7에 가면 민호는 세 칸을 옮겨 10에, 승호가 두 칸을 옮겨 8에 가면 민호는 두 칸을 옮겨 10에, 승호가 세 칸을 옮겨 9에 가면 민호는 한 칸을 옮겨 10에 도착할 수 있습니다. 같은 방법으로 6에 도착하기 위해서는 2에 도착하여야 합니다.

따라서 민호가 먼저 바둑돌을 두 칸 옮기면 이길 수 있습니다.

(3) 11번에 도착하면 지므로 승호가 10에 도착하여야 합니다. 승호가 10에 도착하기 위해서는 승호가 5에 도착하여야 합니다. 승호가 5에 도착하면 민호가 1칸에서 4칸까지 움직이더라도 승호는 4칸에서 1칸까지 움직여 10에 도착할 수 있습니다. 따라서 승호는 민호가 먼저 하도록 하고 자기 차례가 오면 5에 바둑돌을 옮겨 놓으면 됩니다.

[답]

(1) 먼저 바둑돌을 두 칸 옮긴다.

(2) 먼저 바둑돌을 두 칸 옮긴다.

(3) 나중에 시작하여 바둑돌을 5번 칸에 옮긴다.

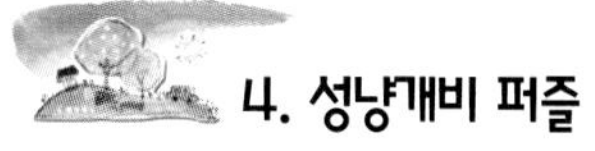

4. 성냥개비 퍼즐 P.44

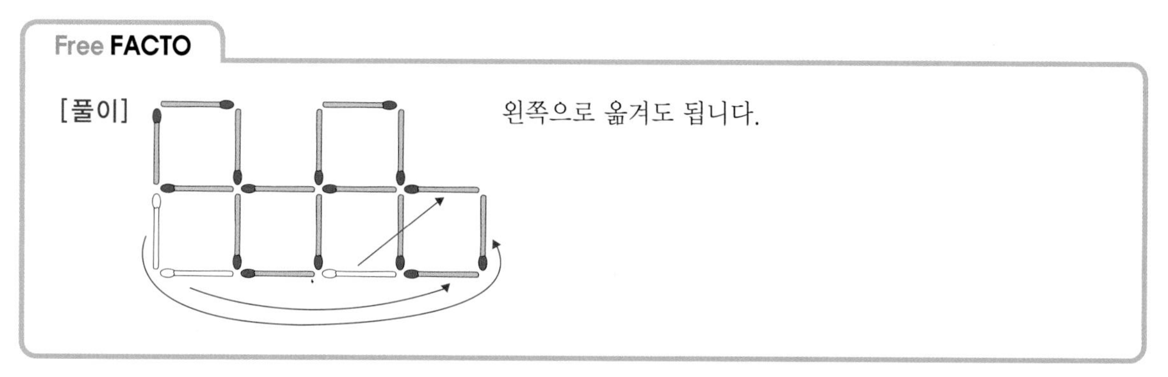

예제 01 [풀이]

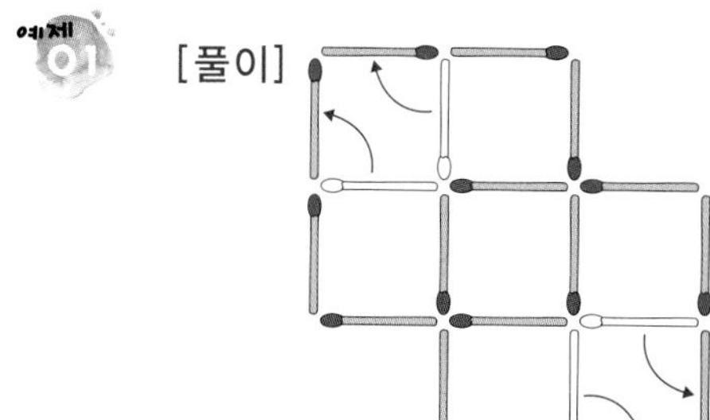

5. 칠교조각 퍼즐 P.46

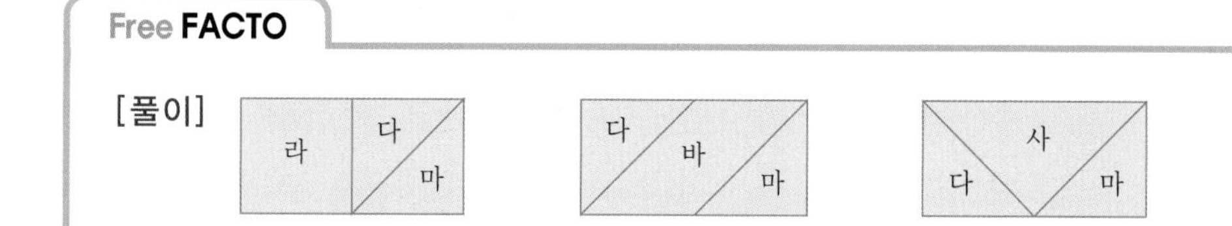

[풀이]

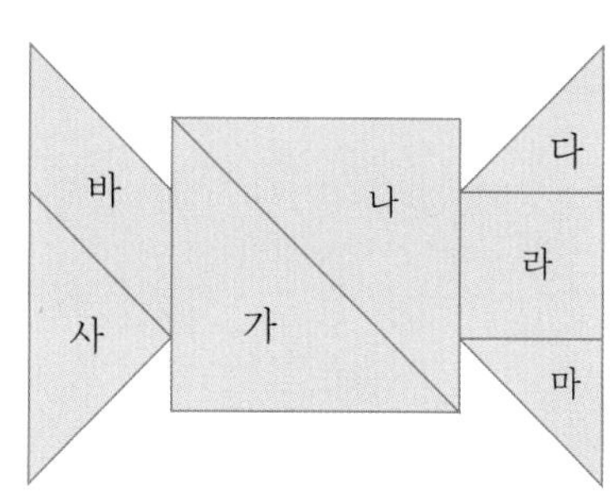

6. 도형 붙이기 P.48

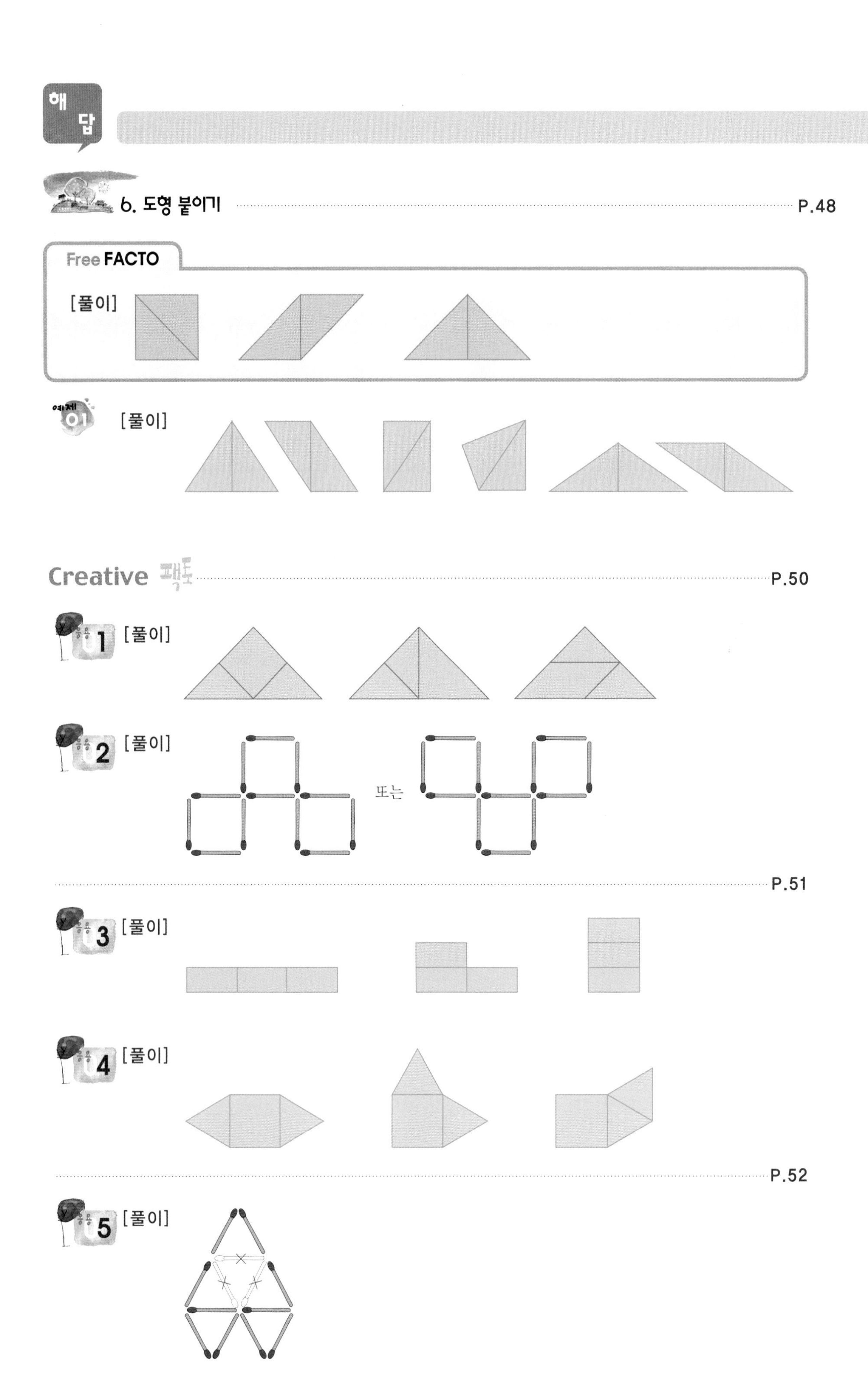
Free FACTO
[풀이]
예제 01
[풀이]
Creative 팩토
P.50
1 [풀이]
2 [풀이]
또는
P.51
3 [풀이]
4 [풀이]
P.52
5 [풀이]

응용 6 [풀이] (1)

(2)

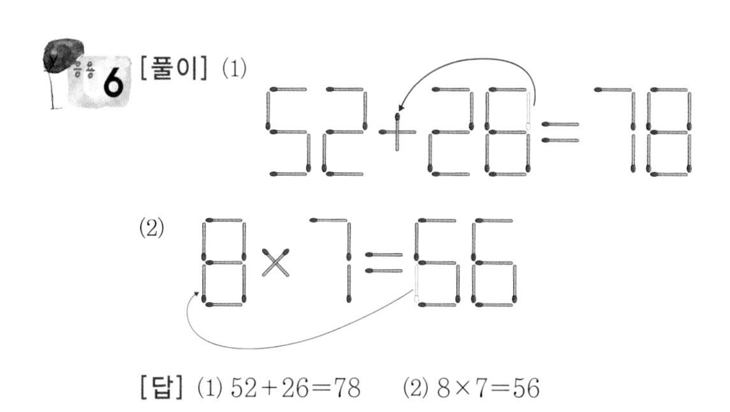

[답] (1) $52+26=78$ (2) $8\times7=56$

P.53

응용 7 [풀이] (1)

(2) ×

(3)

(4)

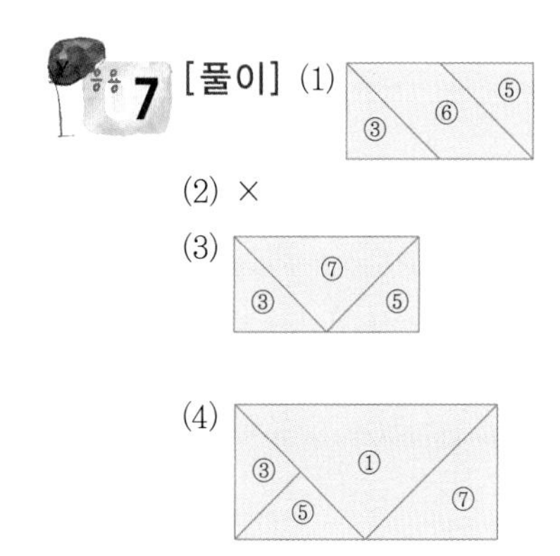

(5) ×

Thinking 팩토

P.54

도전 1 [풀이]

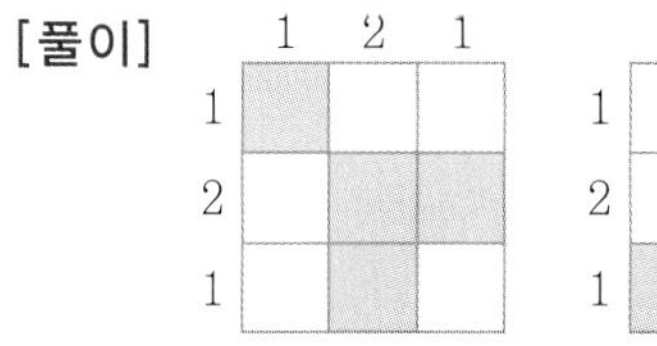

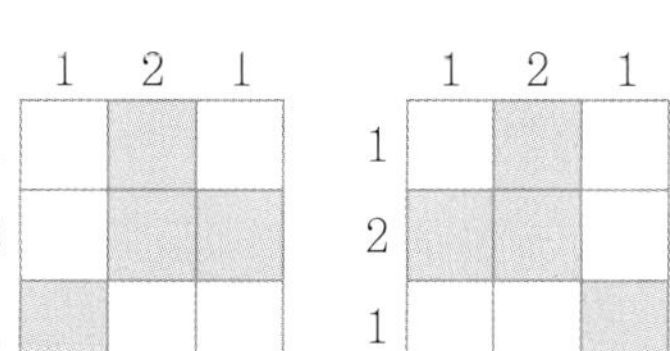

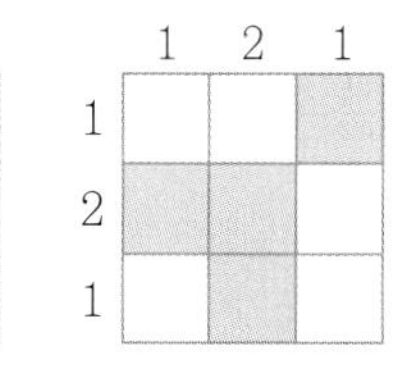

도전 2 [풀이]

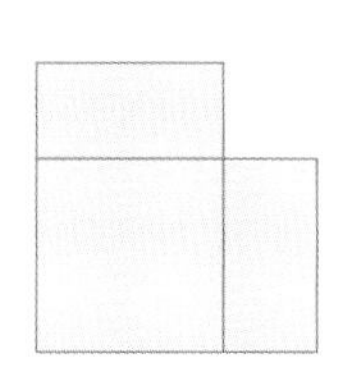

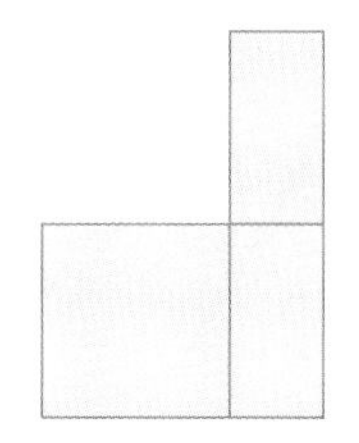

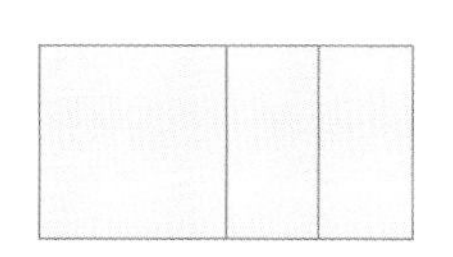

P.55

도전 3 [풀이] (1)

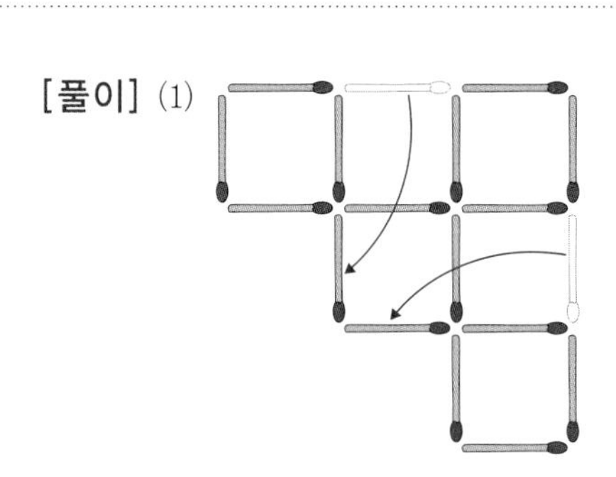

(2)

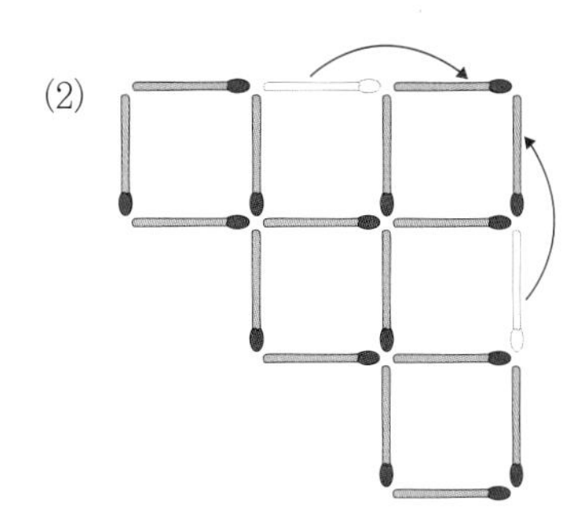

[풀이] 1에서 9까지의 수를 다음과 같이 나열하여 두 수를 골라 합이 같도록 만들어 보면 다음과 같습니다.

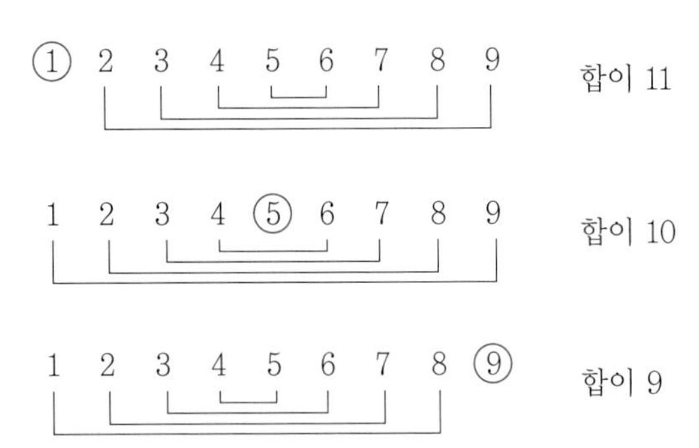

따라서 3가지 방법으로 답을 찾을 수 있습니다.

[답]

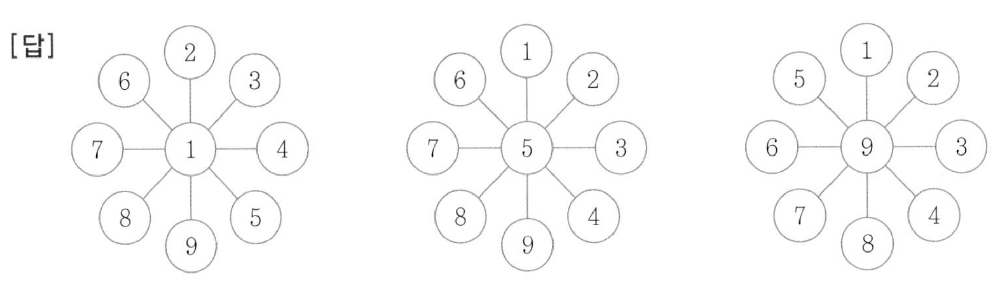

P.56

[풀이]

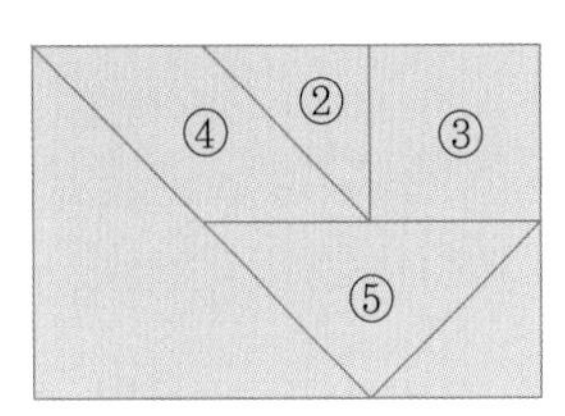

사용하지 않은 조각 : ①

[풀이]

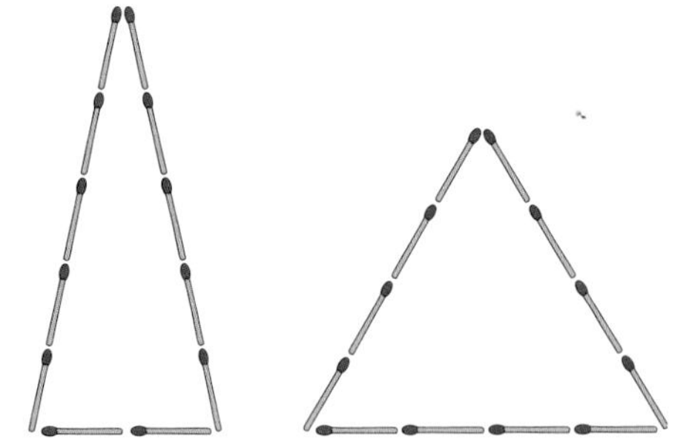

P.57

[풀이] (1) 게임에서 이기기 위해서는 상대방의 바둑돌이 말판의 끝에 있고 내 바둑돌이 상대방의 바둑돌의 앞에 있어서 상대방의 바둑돌이 더 이상 움직일 수 없게 되어야 합니다.
성호와 진우의 바둑돌 사이에 빈칸이 3개 있으므로 성호가 먼저 시작하면 성호의 차례에 성호와 진우의 바둑돌 사이에 빈칸이 없게 만들 수 있습니다. 성호와 진우의 바둑돌 사이에 빈칸이 없으면 진우는 뒤로 갈 수밖에 없고, 성호가 따라가면 진우가 움직일 수 없게 되어 성호가 이깁니다. 즉, 말판의 개수가 홀수 개이면 서로 한 번씩 움직였을 때도 말판의 개수가 홀수 개가 되고 결국 먼저 한 사람이 이기게 됩니다.

(2) 같은 방법으로 성호와 진우의 바둑돌 사이에 빈칸이 없게 되는 경우는 진우의 차례에 오게 됩니다. 따라서 진우는 뒤로 갈 수밖에 없고, 성호가 따라가면 진우가 움직일 수 없게 되어 성호가 이깁니다.
즉, 말판의 개수가 짝수 개이면 서로 한 번씩 움직였을 때도 말판의 개수가 짝수 개가 되고 결국 나중에 시작한 사람이 이기게 됩니다.

(3) 말판의 개수가 짝수 개이므로 나중에 한 사람이 이기게 됩니다.

[답] (1) 성호　(2)성호　(3) 성호

바른 답 · 바른 풀이

Ⅲ 기하

1. 사다리꼴의 개수 P.60

Free FACTO

[풀이] 작은 사다리꼴 1개로 이루어진 사다리꼴: 5개 (㉠, ㉡, ㉢, ㉣, ㉤)
작은 사다리꼴 2개로 이루어진 사다리꼴: 4개 (㉠+㉡, ㉡+㉢, ㉢+㉣, ㉣+㉤)
작은 사다리꼴 3개로 이루어진 사다리꼴: 3개 (㉠+㉡+㉢, ㉡+㉢+㉣, ㉢+㉣+㉤)
작은 사다리꼴 4개로 이루어진 사다리꼴: 2개 (㉠+㉡+㉢+㉣, ㉡+㉢+㉣+㉤)
작은 사다리꼴 5개로 이루어진 사다리꼴: 1개 (㉠+㉡+㉢+㉣+㉤)
따라서 사다리꼴은 모두 5+4+3+2+1=15(개)입니다.
[답] 15개

[풀이] 선분 위의 점이 0개인 선분: 선분 ㄱㄴ, 선분 ㄴㄷ, 선분 ㄷㄹ, 선분 ㄹㅁ, 선분 ㅁㅂ → 5개
선분 위의 점이 1개인 선분: 선분 ㄱㄷ, 선분 ㄴㄹ, 선분 ㄷㅁ, 선분 ㄹㅂ → 4개
선분 위의 점이 2개인 선분: 선분 ㄱㄹ, 선분 ㄴㅁ, 선분 ㄷㅂ → 3개
선분 위의 점이 3개인 선분: 선분 ㄱㅁ, 선분 ㄴㅂ → 2개
선분 위의 점이 4개인 선분: 선분 ㄱㅂ → 1개
따라서 서로 다른 선분은 모두 5+4+3+2+1=15(개)입니다.
[답] 15개

[풀이] 첫째 번 그림에서 찾을 수 있는 각의 개수: 1

둘째 번 그림에서 찾을 수 있는 각의 개수: 2+1

셋째 번 그림에서 찾을 수 있는 각의 개수: 3+2+1

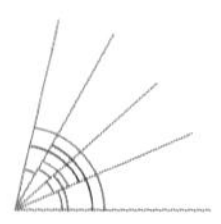

넷째 번 그림에서 찾을 수 있는 각의 개수: 4+3+2+1

따라서 일곱째 번 그림에서는 7+6+5+4+3+2+1=28(개)의 직각보다 작은 각을 찾을 수 있습니다.
[답] 28개

2. 사각형 벤 다이어그램 P.62

Free FACTO

[풀이] A 주머니에 들어 있는 사각형 − 평행사변형 → ②, ③, ④, ⑤, ⑥
B 주머니에 넣을 수 있는 사각형 − 직사각형 → ④, ⑤
C 주머니에 넣을 수 있는 사각형 − 마름모 → ③, ⑤, ⑥
따라서 B나 C 주머니에 넣을 수 없는 사각형은 ②입니다.
[답] ②

[풀이] (1) 마름모는 네 변의 길이가 같은 사각형으로, 이 외에도 여러 가지가 있습니다.

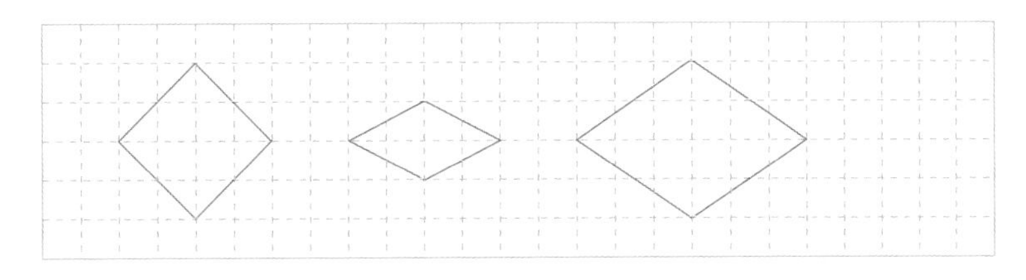

(2) 평행사변형이 아닌 사다리꼴로, 이 외에도 여러 가지가 있습니다.

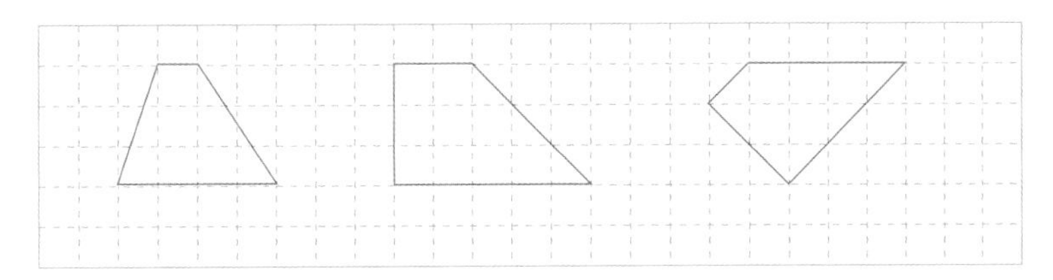

3. 정사각형 그리기 P.64

Free FACTO

[풀이]

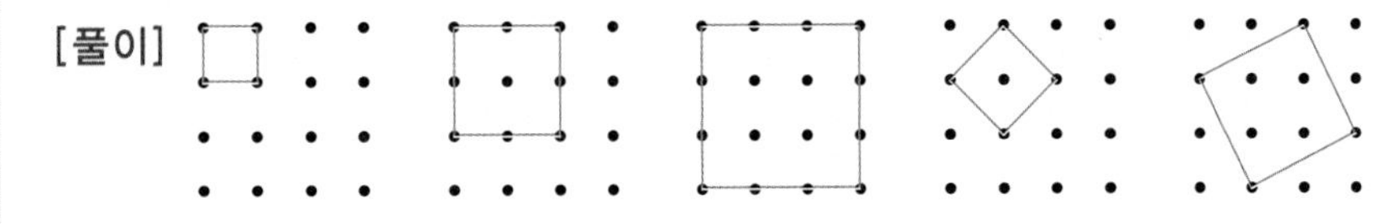

[풀이]

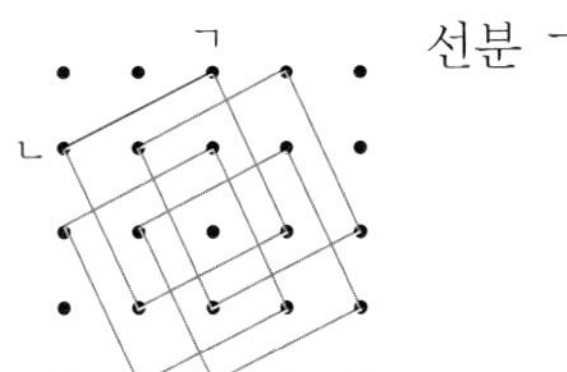

선분 ㄱㄴ을 포함하는 정사각형과 같은 방향의 정사각형: 4개

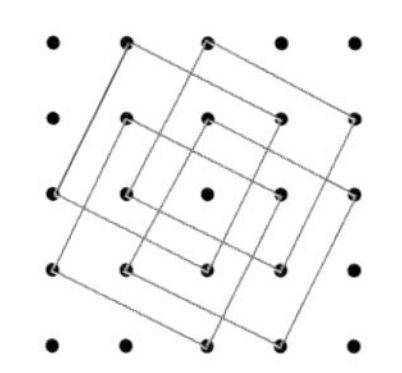

앞의 모양과 다른 방향의 정사각형: 4개

따라서 모두 8개의 정사각형을 그릴 수 있습니다.
[답] 8개

[풀이]

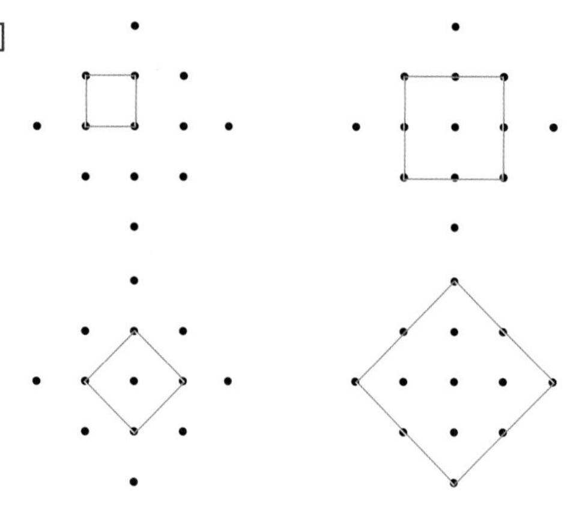

Creative 팩토

P.66

[풀이]

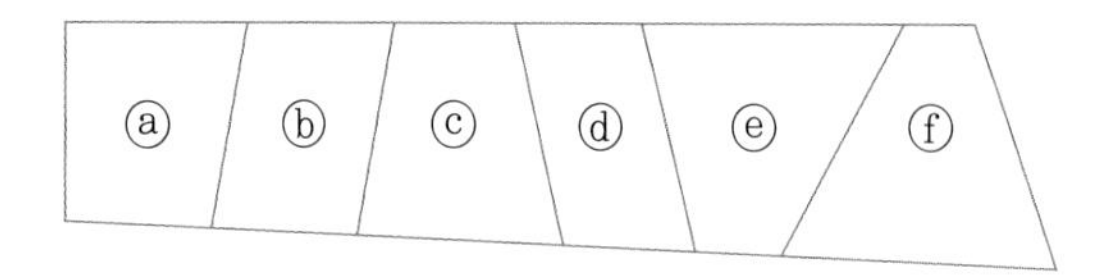

작은 사각형 1개로 이루어진 사각형: ⓐ, ⓑ, ⓒ, ⓓ, ⓔ, ⓕ → 6개
작은 사각형 2개로 이루어진 사각형: ⓐ+ⓑ, ⓑ+ⓒ, ⓒ+ⓓ, ⓓ+ⓔ, ⓔ+ⓕ → 5개
작은 사각형 3개로 이루어진 사각형: ⓐ+ⓑ+ⓒ, ⓑ+ⓒ+ⓓ, ⓒ+ⓓ+ⓔ, ⓓ+ⓔ+ⓕ → 4개
작은 사각형 4개로 이루어진 사각형: ⓐ+ⓑ+ⓒ+ⓓ, ⓑ+ⓒ+ⓓ+ⓔ, ⓒ+ⓓ+ⓔ+ⓕ → 3개
작은 사각형 5개로 이루어진 사각형: ⓐ+ⓑ+ⓒ+ⓓ+ⓔ, ⓑ+ⓒ+ⓓ+ⓔ+ⓕ → 2개
작은 사각형 6개로 이루어진 사각형: ⓐ+ⓑ+ⓒ+ⓓ+ⓔ+ⓕ → 1개
따라서 그릴 수 있는 사각형은 모두 $6+5+4+3+2+1=21$(개)입니다.
[답] 21개

[풀이] 선분 ㄱㄴ에서
선분 위의 점이 0개인 선분: 선분 ㄱㅁ, 선분 ㅁㅅ, 선분 ㅅㄴ → 3개
선분 위의 점이 1개인 선분: 선분 ㄱㅅ, 선분 ㅁㄴ → 2개
선분 위의 점이 2개인 선분: 선분 ㄱㄴ → 1개
선분 ㄷㄹ에서
선분 위의 점이 0개인 선분: 선분 ㄷㅁ, 선분 ㅁㅂ, 선분 ㅂㄹ → 3개
선분 위의 점이 1개인 선분: 선분 ㄷㅂ, 선분 ㅁㄹ → 2개
선분 위의 점이 2개인 선분: 선분 ㄷㄹ → 1개
따라서 서로 다른 선분은 모두 $(3+2+1)\times2=12$(개)입니다.
[답] 12개

P.67

[풀이] 둔각은 90°보다 크고 180°보다 작은 각이므로 그림의 가장 작은 각 3개가 모인 것이 둔각이 됩니다.
따라서 둔각은 abc, bcd, cde, def, efg, fgh, gha, hab 8개가 있습니다.
[답] 8개

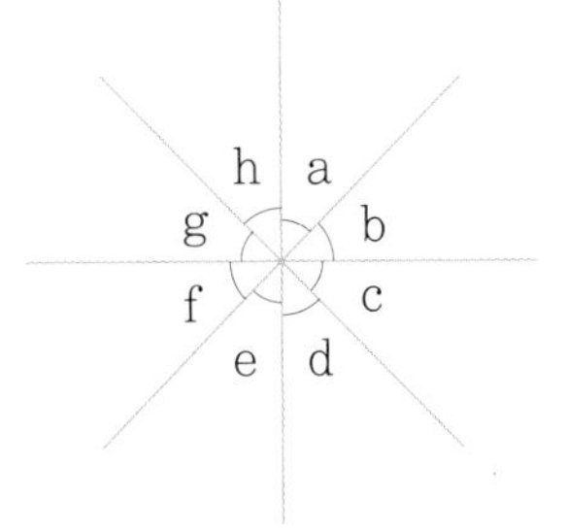

[풀이] 현수의 말에 의하면 도형은 사각형입니다.
상윤이의 말에 의하면 도형은 직각이 없습니다.
도희의 말에 의하면 대각선이 서로 수직으로 만나므로 네 변의 길이가 같은 도형입니다.
따라서 도형은 정사각형이 아닌 마름모입니다.
[답] 정사각형이 아닌 마름모

P.68

[풀이] 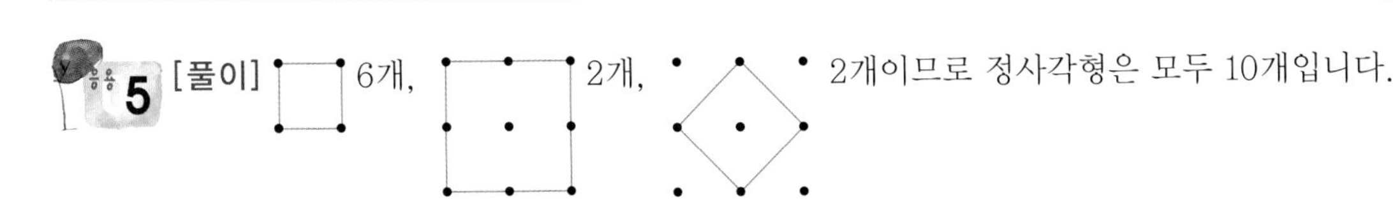

[답] 10개

[풀이]

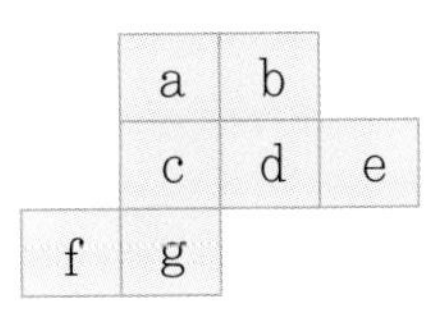

	a	b	
	c	d	e
f	g		

작은 직사각형 1개로 이루어진 직사각형: a, b, c, d, e, f, g → 7개
작은 직사각형 2개로 이루어진 직사각형: a+b, c+d, d+e, f+g, a+c, c+g, b+d → 7개
작은 직사각형 3개로 이루어진 직사각형: c+d+e, a+c+g → 2개
작은 직사각형 4개로 이루어진 직사각형: a+b+c+d → 1개
따라서 직사각형은 모두 7+7+2+1=17(개)입니다.
[답] 17개

P.69

[풀이]

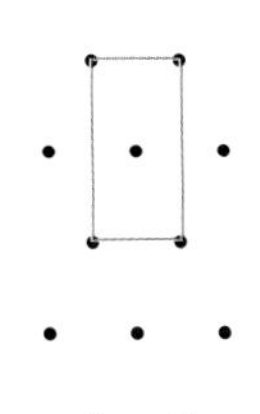

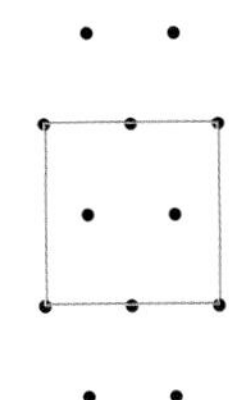

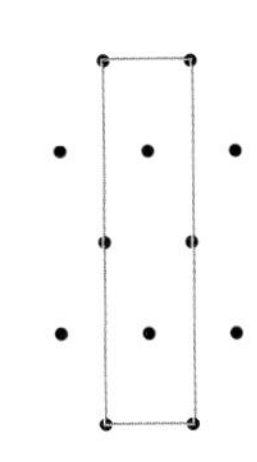

응용 8 [풀이]

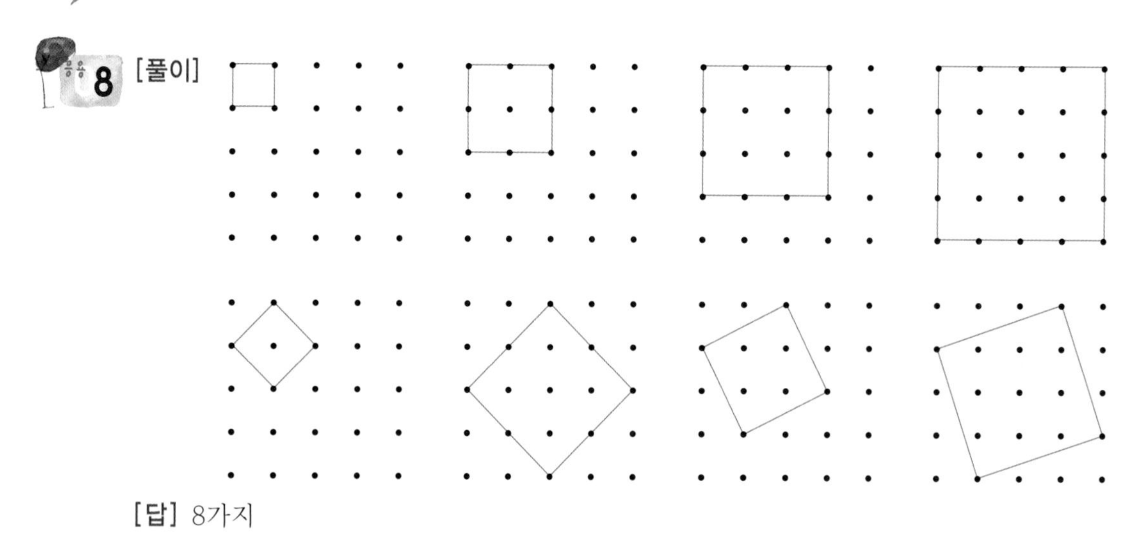

[답] 8가지

4. 정사각형의 개수 P.70

Free FACTO

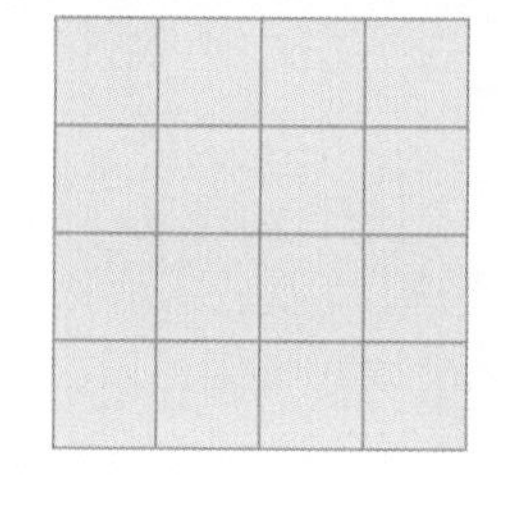

[풀이] 접은 종이를 펼쳤을 때의 모양은 오른쪽 그림과 같습니다.
작은 정사각형 1개로 이루어진 정사각형: 16개 (4×4)
작은 정사각형 4개로 이루어진 정사각형: 9개 (3×3)
작은 정사각형 9개로 이루어진 정사각형: 4개 (2×2)
작은 정사각형 16개로 이루어진 정사각형: 1개 (1×1)
따라서 선을 따라 그릴 수 있는 정사각형은 모두 16+9+4+1=30(개)입니다.
[답] 30개

[풀이] 작은 정사각형 1개로 이루어진 정사각형: 49개 (7×7)
작은 정사각형 4개로 이루어진 정사각형: 36개 (6×6)
작은 정사각형 9개로 이루어진 정사각형: 25개 (5×5)
작은 정사각형 16개로 이루어진 정사각형: 16개 (4×4)
작은 정사각형 25개로 이루어진 정사각형: 9개 (3×3)
작은 정사각형 36개로 이루어진 정사각형: 4개 (2×2)
작은 정사각형 49개로 이루어진 정사각형: 1개 (1×1)
따라서 찾을 수 있는 정사각형은 모두 49+36+25+16+9+4+1=140(개)입니다.
[답] 140개

[풀이] (1) 작은 삼각형 1개로 이루어진 삼각형: 4개
작은 삼각형 4개로 이루어진 삼각형: 1개
따라서 찾을 수 있는 삼각형은 모두 5개입니다.
(2) 큰 정삼각형을 없애기 위해 위쪽, 오른쪽 또는 왼쪽의 꼭짓점에 있는 2개의 성냥개비를 옆으로 옮겨 다른 한 변과 붙여줍니다.

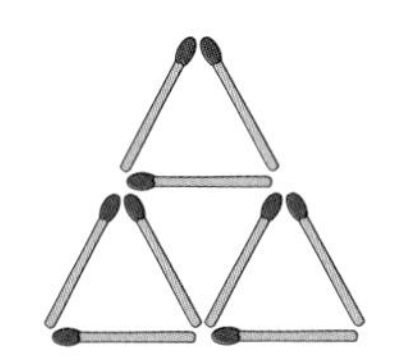
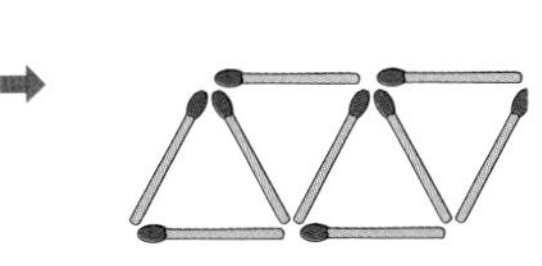

[답] (1) 5개 (2) 풀이 참조

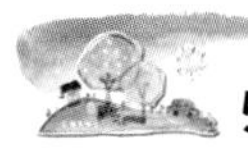

5. 규칙 찾아 도형의 개수 세기

P.72

Free FACTO

[풀이]

	이름	선을 따라 그릴 수 있는 다각형의 종류와 개수
첫째 번 도형	사각형	사각형 1개, 삼각형 2개
둘째 번 도형	오각형	오각형 1개, 사각형 2개, 삼각형 3개
셋째 번 도형	육각형	육각형 1개, 오각형 2개, 사각형 3개, 삼각형 4개

도형의 이름은 (순서수+3)각형이므로 다섯째 번 도형은 (5+3) 즉, 팔각형입니다. 또 위의 규칙에 따라 팔각형에서 선을 따라 그릴 수 있는 다각형의 종류와 개수는 팔각형 1개, 칠각형 2개, 육각형 3개, 오각형 4개, 사각형 5개, 삼각형 6개입니다.
[답] 팔각형 1개, 칠각형 2개, 육각형 3개, 오각형 4개, 사각형 5개, 삼각형 6개

[풀이] (1)

다각형	삼각형	사각형	오각형	육각형	칠각형
변의 개수	3	4	5	6	7
한 꼭짓점에서 그을 수 있는 대각선의 개수	0	1	2	3	4

(한 꼭짓점에서 그을 수 있는 대각선의 개수)=(변의 개수)−3
(2) 20−3=17(개)
(3) 17×20=340(개)
(4) 17×20÷2=170(개)
[답] (1) 풀이 참조 (2) 17개 (3) 340개 (4) 170개

6. 점을 이어 만든 삼각형의 개수 P.74

Free FACTO

[풀이] 점 ㄱ을 뺀 나머지 4개의 점 중에서 2개를 골라 만들 수 있는 선분의 개수는 6개이므로 각각의 선분과 점 ㄱ을 연결하면 6개의 삼각형을 만들 수 있습니다.
같은 방법으로 점 ㄴ, 점 ㄷ, 점 ㄹ, 점 ㅁ과 연결하여 만들 수 있는 삼각형은 각각 6개씩입니다.
그러나 이때 삼각형은 모두 세 번씩 중복되어 세어졌으므로 삼각형의 개수의 합을 3으로 나누어야 합니다.
따라서 점을 이어 만들 수 있는 서로 다른 삼각형은 모두 6×5÷3=10(개)입니다.

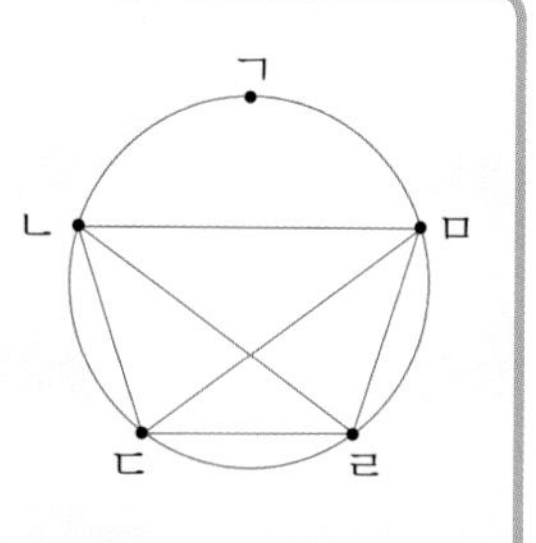

[답] 10개

[풀이] 한 개의 점을 제외한 나머지 점을 이어 만들 수 있는 선분의 개수는 10개이므로 각각의 선분과 한 점을 연결하면 10개의 삼각형을 만들 수 있습니다. 점의 개수는 모두 6개이므로 삼각형은 모두 10×6=60(개)이지만 이때 삼각형은 모두 세 번씩 중복되었으므로 3으로 나누어 주어야 합니다.
따라서 점을 이어 만들 수 있는 삼각형은 모두 10×6÷3=20(개)입니다.
[답] 20개

[풀이]

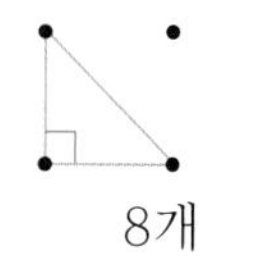
8개

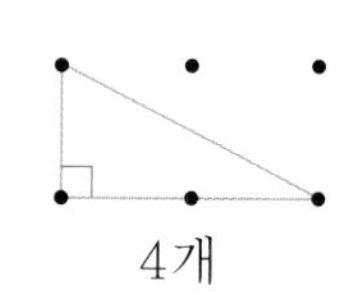
4개

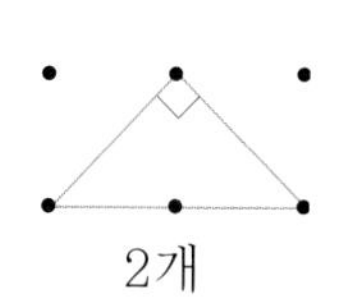
2개

따라서 그릴 수 있는 직각삼각형은 모두 8+4+2=14(개)입니다.
[답] 14개

Creative 팩토 P.76

[풀이] 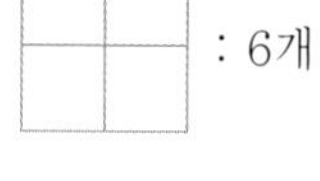

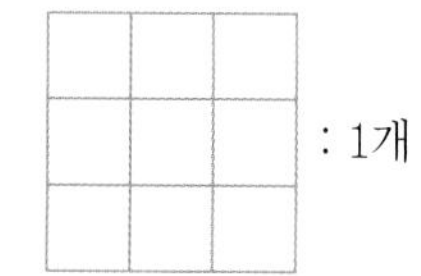

따라서 정사각형은 모두 16+6+1=23(개)입니다.
[답] 23개

2 [풀이] 원 위에 일정한 간격으로 찍혀 있는 5개의 점들 중 어느 세 점을 이어도 이등변삼각형이 됩니다.
한 점을 제외한 나머지 점을 이어 만들 수 있는 선분의 개수: 6개
점의 개수: 5개
따라서 $6\times5\div3=10$(개)의 이등변삼각형을 그릴 수 있습니다.
[답] 10개

P.77

3 [풀이]
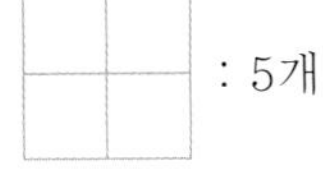
: 4개
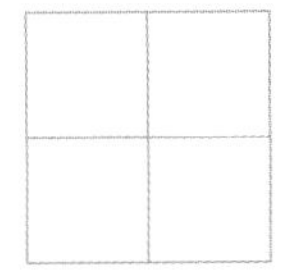
: 5개

: 1개

따라서 정사각형은 모두 10(개)입니다.
[답] 10개

4 [풀이] 삼각형 2개로 이루어진 사각형: ab, bc, cd, de, ef, fa → 6개
삼각형 3개로 이루어진 사각형: abc, bcd, cde, def, efa, fab → 6개
따라서 그릴 수 있는 사각형은 모두 $6+6=12$(개)입니다.
[답] 12개

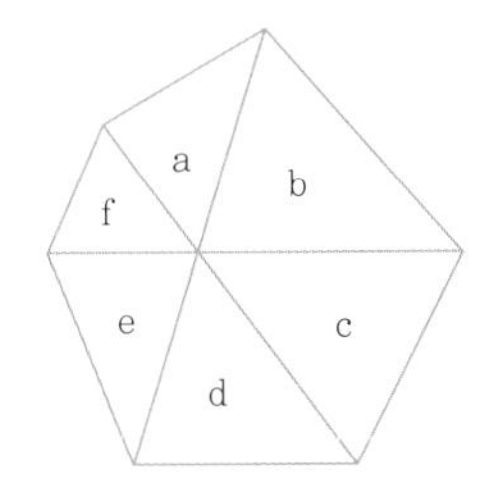

P.78

5 [풀이]

	삼각형의 개수
첫째 번	1
둘째 번	2+1
셋째 번	3+2+1
넷째 번	4+3+2+1
⋮	⋮

따라서 일곱째 번 그림에서는 $7+6+5+4+3+2+1=28$(개)의 삼각형을 그릴 수 있습니다.
[답] 28개

[풀이] (1)

: 9개

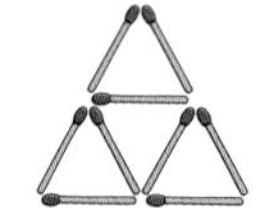
: 3개

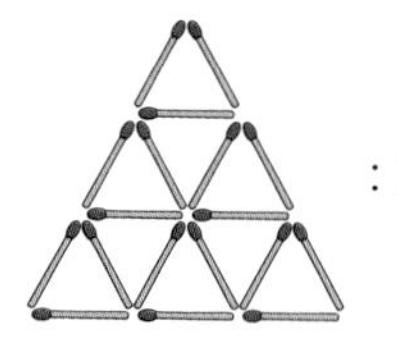
: 1개

따라서 모두 9+3+1=13(개)의 정삼각형을 찾을 수 있습니다.

(2) 가장 작은 정삼각형만 6개가 남도록 성냥개비 3개를 빼내면 됩니다.

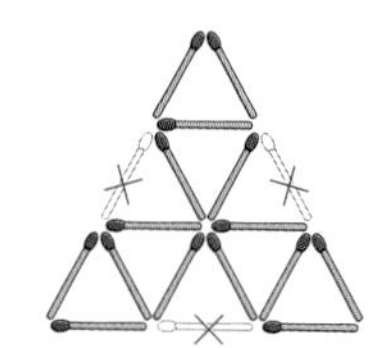

[답] (1) 13개　　(2) 풀이 참조

P.79

[풀이] (1) ①

②

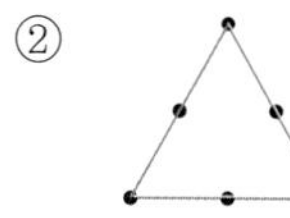

③

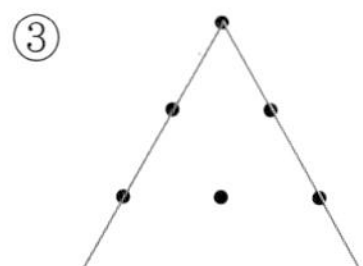

④

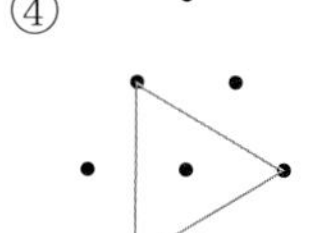

(2) ①: 9개, ②: 3개, ③: 1개, ④: 2개

(3) 9+3+1+2=15(개)

Thinking 팩토

P.80

[풀이]

16개

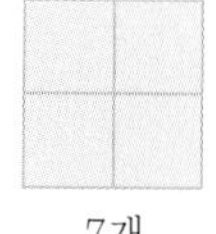
7개

따라서 16+7=23(개)의 정사각형을 그릴 수 있습니다.

[답] 23개

[풀이]

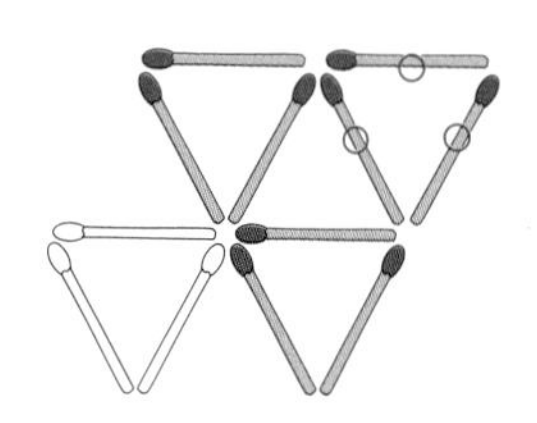

정삼각형의 개수

: 4개

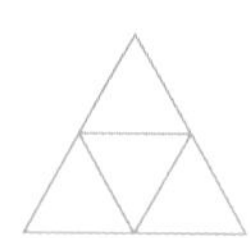
: 1개

오른쪽이나 위의 성냥개비를 옮겨도 됩니다.

P.81

[풀이] 같은 간격의 점을 3개 골라야 하므로 12÷3=4

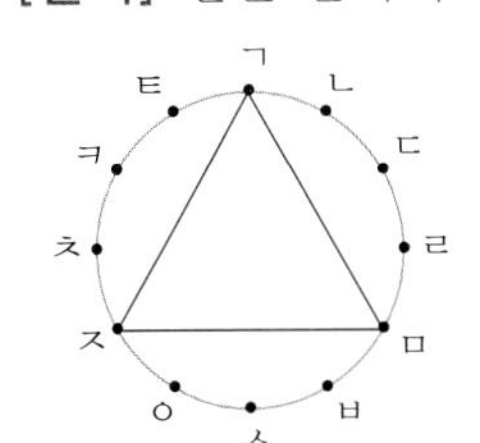

4칸마다 1개씩 선택해 정삼각형을 그릴 수 있습니다.
그릴 수 있는 정삼각형은 ㄱㅁㅈ, ㄴㅂㅊ, ㄷㅅㅋ, ㄹㅇㅌ 모두 4개입니다.

[답] 4개

[풀이] 접은 색종이를 펼쳤을 때의 모양은 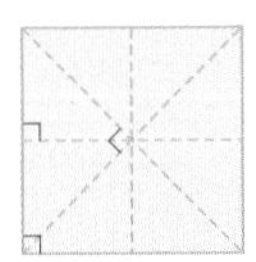

: 8개

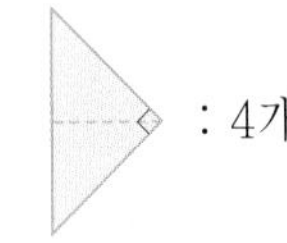
: 4개

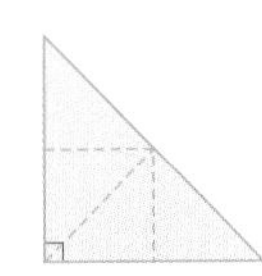
: 4개

따라서 그릴 수 있는 직각삼각형은 모두 8+4+4=16(개)입니다.
[답] 16개

P.82

[풀이] (1) ① 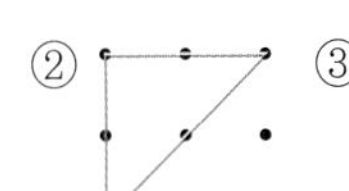 ③ 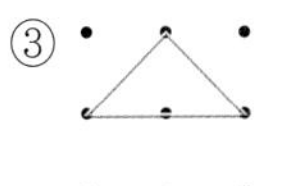 ④ 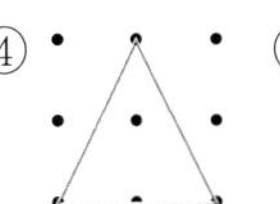 ⑤ 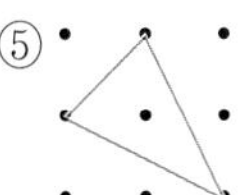

(2) ①: 16개, ②: 4개, ③: 8개, ④: 4개, ⑤: 4개
(3) 16+4+8+4+4=36(개)

P.83

[풀이] (1)

	1단계	2단계	3단계	…
삼각형의 개수	2	6(2+4)	12(2+4+6)	…
사각형의 개수	1	4	9	…

(2) 삼각형의 개수: 2에서 시작해서 차례로 짝수가 하나씩 더해집니다.
사각형의 개수: 그 단계 수의 제곱수입니다.
(3) 삼각형: 2+4+6+8+10=30(개)
사각형: 5×5=25(개)

Ⅳ 규칙찾기

1. 도형 유추 P.86

Free FACTO

[풀이] 첫째 칸에 있는 모양을 둘째 칸의 방향으로 늘린 것입니다. 따라서 셋째 줄에 있는 정사각형을 가로, 세로 방향(+)으로 늘리면 큰 사각형이 됩니다.

[답]

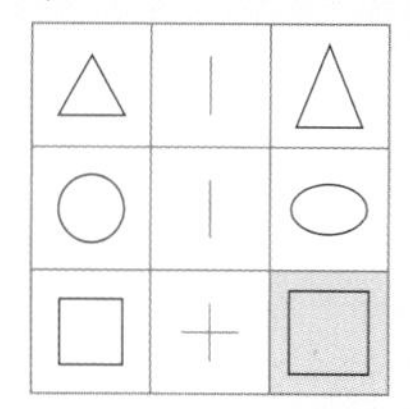

[풀이] 양쪽 옆에 있는 모양의 일부를 겹치면 가운데 있는 모양이 됩니다.

[답]

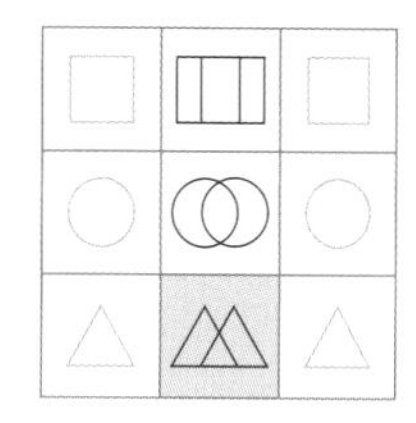

[풀이] 두 모양을 겹친 후 중복된 선을 지웁니다.

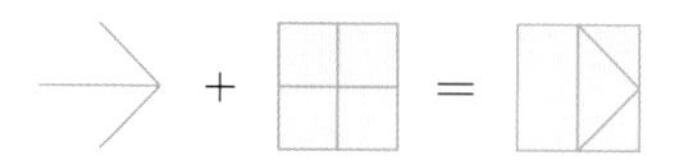

2. 패턴 P.88

Free FACTO

[풀이] 칠해진 부분이 첫째 번에서 둘째 번으로 갈 때는 시계 방향으로 1칸, 둘째 번에서 셋째 번으로 갈 때는 시계 방향으로 2칸, 셋째 번에서 넷째 번으로 갈 때는 시계 방향으로 3칸 회전한 것입니다. 이러한 규칙으로 회전하면 여덟째 번에서 아홉째 번으로 갈 때는 시계 방향으로 8칸 회전해야 합니다.

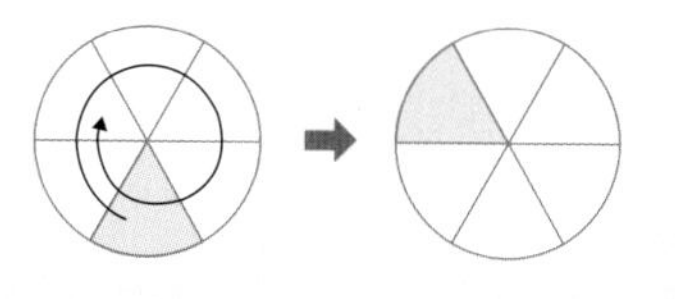

[답]

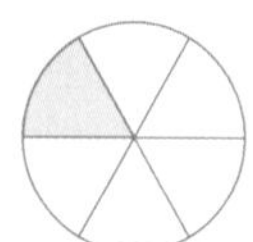

[풀이] 색칠된 정사각형이 시계 방향으로 한 칸씩 회전합니다. 따라서 여섯째 번 모양에서 칠해진 정사각형을 시계 방향으로 한 칸 회전하면 다음과 같은 모양이 됩니다.

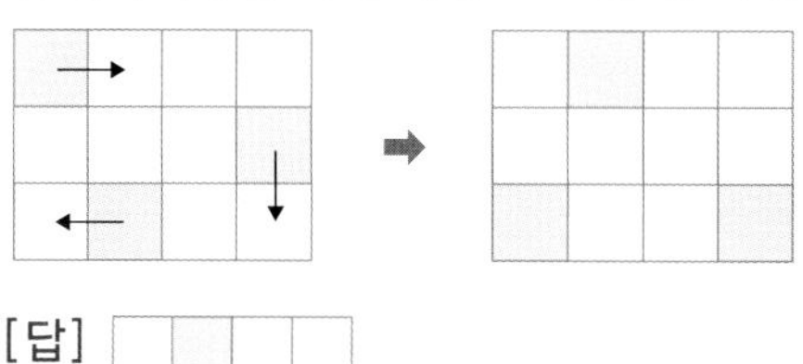

[답] 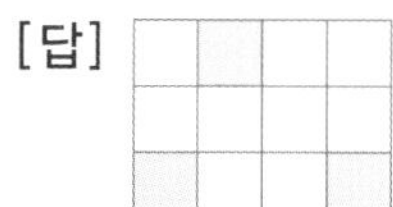

[풀이] 각 칸의 왼쪽에 있는 도형은 시계 방향으로 한 칸 회전하고 오른쪽에 있는 도형은 시계 반대 방향으로 한 칸 회전합니다.

[답]

3. 도형 개수의 규칙 ······ P.90

Free FACTO

[풀이] 첫째 번에는 바둑돌이 1개
둘째 번에는 바둑돌이 (1+2)개
셋째 번에는 바둑돌이 (1+2+3)개
⋮
이와 같은 규칙으로 바둑돌을 놓으면
열째 번에는 바둑돌이 1+2+3+···+9+10=55(개)가 됩니다.
[답] 55개

[풀이] 바둑돌을 정사각형 모양으로 놓아 보면 다음과 같습니다.

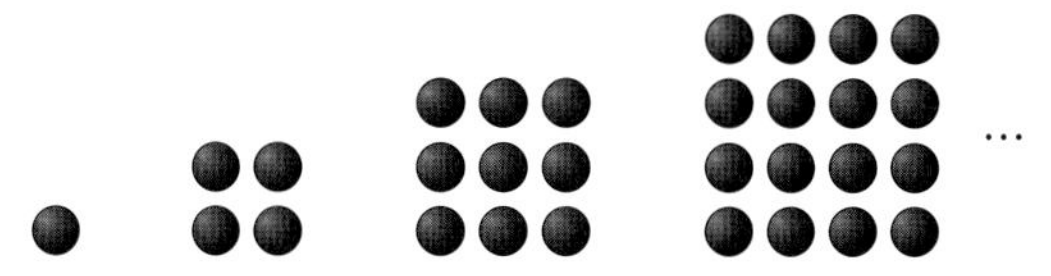

이와 같은 규칙으로 놓으려면 아홉째 번에는 9×9=81(개)가 필요합니다.
[답] 81개

[풀이] 쌓기나무는 첫째 번에 1개, 둘째 번에 (1+3)개, 셋째 번에 (1+3+5)개로 늘어나는 개수가 2씩 증가합니다. 따라서 같은 규칙으로 열째 번에 필요한 쌓기나무의 개수를 구하면
1+3+5+···+17+19=100(개)입니다.
[답] 100개

Creative 팩토 P.92

[풀이] 양쪽에 있는 두 모양을 겹치면 가운데에 있는 모양이 됩니다.

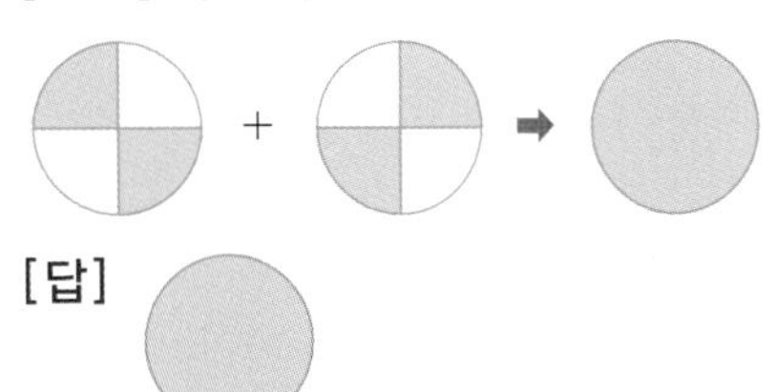

[답]

2 **[풀이]** 첫째 번 시계는 6시 10분, 둘째 번 시계는 8시 30분, 셋째 번 시계는 10시 50분으로 2시간 20분씩 시간이 증가합니다. (10시 50분)+(2시간 20분)=(1시 10분)입니다.

[답]

.... P.93

3 **[풀이]** 작은 정삼각형이 첫째 번은 1개, 둘째 번은 4개, 셋째 번은 16개로 작은 정삼각형의 개수가 4배씩 늘어납니다. 이를 규칙대로 써 보면

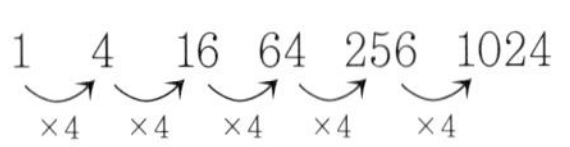

여섯째 번에 처음으로 1000개가 넘습니다.

[답] 여섯째 번

4 **[풀이]**

.... P.94

[풀이] 정사각형 모양의 색종이를 그림과 같이 나누면 규칙을 찾을 수 있습니다.

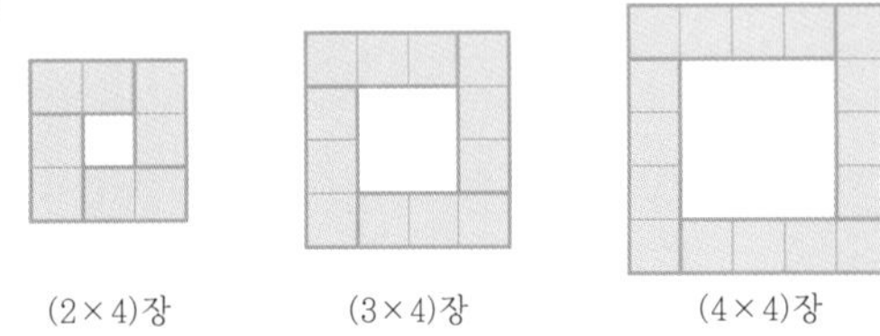

규칙에 따라 일곱째 번에는 8×4=32(장)의 색종이가 필요합니다.

[답] 32장

6 **[풀이]** 짝수째 번 모양은 그림과 같이 ↙ 방향의 짝수 줄의 바둑돌이 놓여 있습니다. 이를 흰 돌 한 줄과 검은 돌 한 줄로 나누어 보면 각 줄마다 검은 돌이 한 개 더 많습니다.

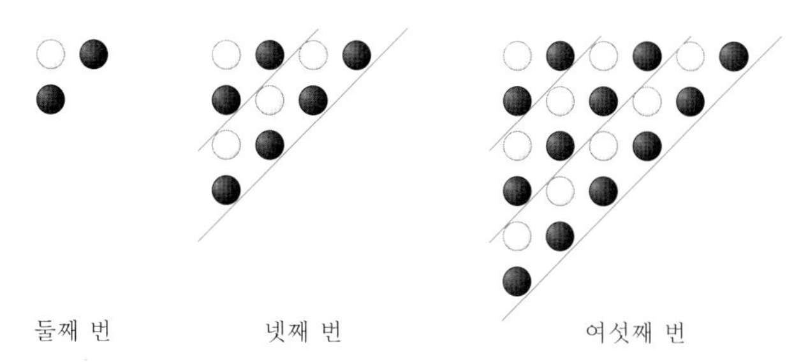

30째 번 모양은 30줄이고, 2줄씩 나누면 15줄이 되고 각 줄마다 검은 돌이 1개씩 많으므로 검은 돌이 15개 더 많습니다.
[답] 검은 돌 15개

P.95

7 **[풀이]** YJ는 도형이 모두 4개의 칸으로 나누어져 있습니다.
(1) 은 4칸으로 나누어져 있으므로 YJ입니다.

(2) 은 2칸으로 나누어져 있으므로 YJ가 아닙니다.

[답] (1) 예　　(2) 아니오

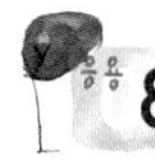

8 **[풀이]** (1) 은 시계 반대 방향으로 1칸씩, 은 시계 방향으로 2칸씩 회전합니다.

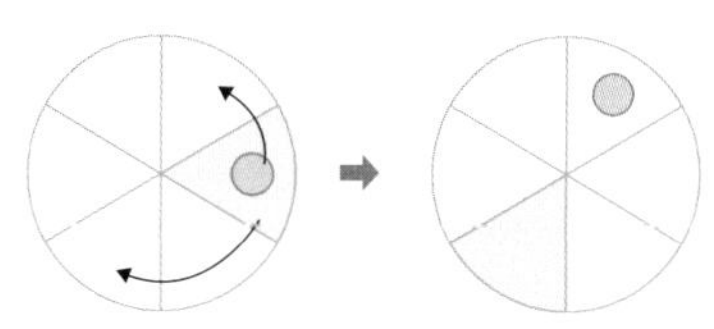

(2) 삼각형 하나는 시계 방향으로 1칸씩, 다른 하나는 시계 방향으로 2칸씩 회전합니다.

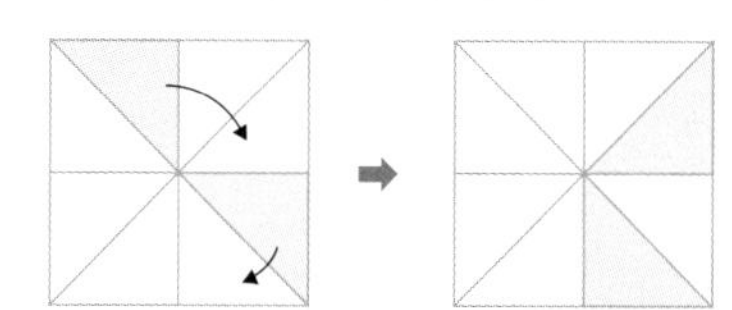

4. 수열

P.96

Free FACTO

[풀이] 홀수째 번 수는 3, 9, 27, □, …로 3에서 시작하여 3배씩 증가합니다.
짝수째 번 수는 5, 15, 45, 135, …로 5에서 시작하여 3배씩 증가합니다.
□는 홀수째 번의 수이므로 $27 \times 3 = 81$입니다.
[답] 81

[풀이] 수가 늘어나는 규칙을 찾아보면

2 → 4 → 8 → 14 → 22 → 32 → □ → 58
(+2, +4, +6, +8, +10, +12, +14)

늘어나는 수가 2씩 증가하므로 32에서는 12가 증가하여야 합니다.
따라서 □는 $32+12=44$입니다.
[답] 44

[풀이] 홀수째 번 수는 3, 3, 7, 3, 3, 7, 3, …로 3, 3, 7이 반복됩니다.
짝수째 번 수는 2, 4, 6, 8, 10, 12, …로 짝수를 늘어놓은 것입니다.
50째 번 수는 짝수째의 25째 번 수이므로 50입니다.
[답] 50

5. 화살표 약속 P.98

Free FACTO

[풀이] ㉮에서 출발하여 오른쪽으로 한 칸 가면 ×7, 왼쪽으로 한 칸 가면 ÷7이므로 오른쪽으로 □칸 갔다가 왼쪽으로 □칸 가면 계산 결과가 같게 됩니다. 이것은 위, 아래쪽도 마찬가지이므로 ㉮에서 출발하여 ㉯에 도착하는 것은 최단거리로 가는 것과 계산 결과가 같습니다.
따라서 ㉮에서 ㉯로 최단거리로 가면 ㉮ —(×5, 아래쪽)→ —(×7, 오른쪽)→ ㉯로 ㉯는 ㉮의 35배입니다.
[답] 35배

예제 01

[풀이] 4에서 출발하여 왼쪽으로 한 칸 가면 +1, 오른쪽으로 한 칸 가면 −1이므로 왼쪽으로 □칸 갔다가 오른쪽으로 □칸 가면 계산 결과가 같게 됩니다. 이것은 위, 아래쪽도 마찬가지이므로 4에서 출발하여 오른쪽으로 한 칸 간 것과 계산 결과가 같습니다.
따라서 4에서 출발하여 오른쪽으로 한 칸 가면 $4 \xrightarrow{-1} 3$입니다.
[답] 3

[풀이] 5에서 출발하여 아래쪽으로는 5칸, 오른쪽으로는 7칸 움직였습니다. 아래쪽으로 한 칸 갈 때는 +7, 오른쪽으로 한 칸 갈 때는 −4이므로
$5+(7\times5)-(4\times7)=5+35-28=12$
[답] 12

6. 교점과 영역 P.100

Free FACTO

[풀이] 사각형을 직선 1개, 2개, 3개, 4개로 나누어 보면 다음과 같습니다.

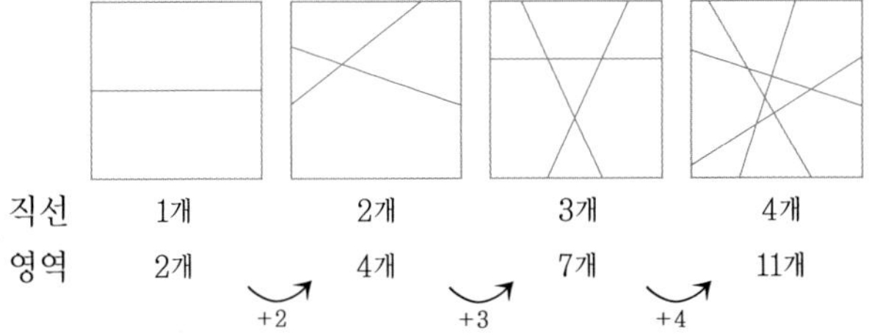

직선이 1개 늘어날 때마다 영역이 늘어나는 개수가 1개씩 늘어납니다.
따라서 규칙에 따라 영역의 수를 찾아보면

2 4 7 11 16 22
+2 +3 +4 +5 +6

이므로 직선 6개로는 사각형을 22개 영역으로 나눌 수 있습니다.

[답] 22개

[풀이] 만나는 점이 가장 많도록 직선을 2개, 3개, 4개 그려 교점(만나는 점)의 개수를 찾아보면 다음과 같습니다.

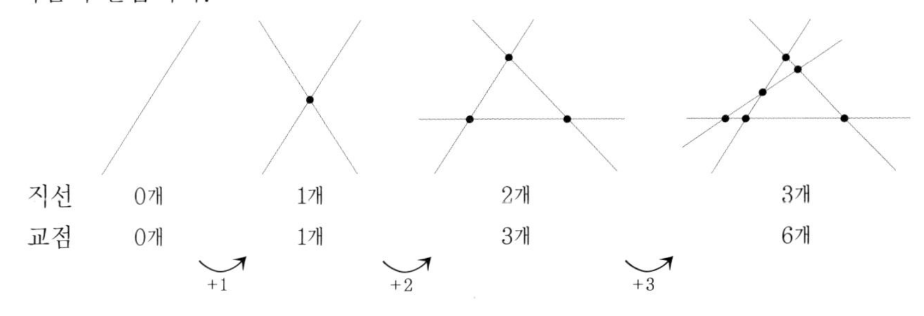

직선 1개가 늘어날 때마다 교점이 늘어나는 개수가 1개씩 늘어납니다.
따라서 규칙에 따라 교점의 개수를 찾아보면

0 1 3 6 10 15
+1 +2 +3 +4 +5

이므로 만나는 점이 가장 많도록 평면에 6개의 직선을 그을 때 만나는 점은 15개입니다.

[답] 15개

[풀이] 직선이 평행하면 만나는 점이 생기지 않고, 여러 개의 직선이 한 점에서 만날 수도 있습니다.

[답]

0개	1개	3개
4개	**5개**	**6개**

Creative 팩토 P.102

[풀이] 분자는 3, 7, □, 15, 19, 23, …으로 3에서 출발하여 4씩 늘어납니다.
분모는 10, 15, □, 25, 30, 35, …으로 10에서 출발하여 5씩 늘어납니다.
따라서 □ 안의 분수의 분자는 7+4=11이고, 분모는 15+5=20입니다.

[답] $\frac{11}{20}$

[풀이] 사각형과 원이 만나서 만드는 교점을 1개씩 늘려가며 그려 보면

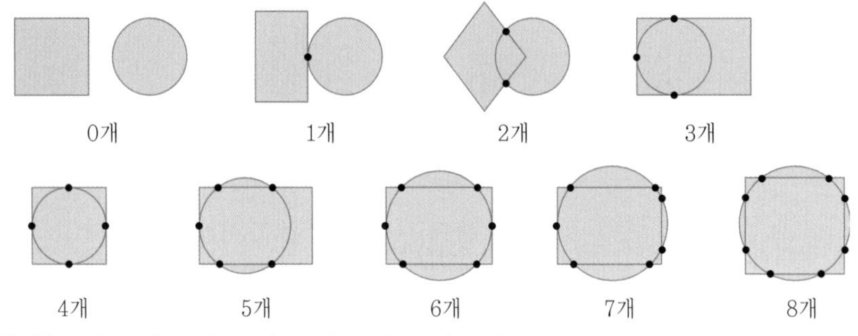

[답] 0개, 1개, 2개, 3개, 4개, 5개, 6개, 7개, 8개

P.103

[풀이] 수가 증가하는 규칙을 찾아보면

5 8 11 14 17 20 23 …
(+3 +3 +3 +3 +3 +3)

3씩 늘어나고 있습니다.
따라서 100째 번의 수는 $5+(\underbrace{3+3+3+\cdots+3}_{99개})=5+3\times99=5+297=302$입니다.
[답] 302

[풀이] 5에서 출발하여 오른쪽으로는 8칸, 위로는 5칸 움직였습니다.
오른쪽으로 한 칸 갈 때는 +5, 위로 한 칸 갈 때는 −5이므로
$5+(8\times5)-(5\times5)=5+40-25=20$
입니다.
[답] 20

P.104

[풀이] 사각형 2개를 겹쳐 영역이 가장 많이 생기도록 그려 보면 다음과 같습니다.

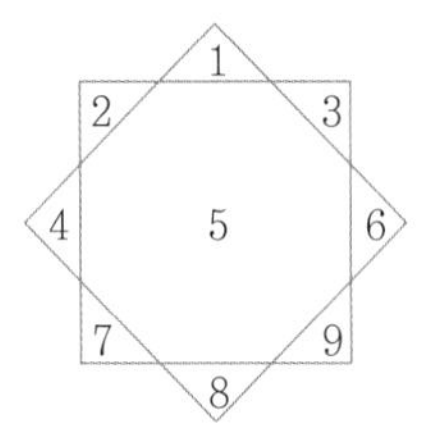

[답] 9개

[풀이] ㉮에서 출발하여 오른쪽으로 한 칸 가면 ×3, 왼쪽으로 한 칸 가면 ÷3이므로 왼쪽으로 □칸 갔다가 오른쪽으로 □칸 가면 계산 결과가 같게 됩니다. 이것은 위, 아래쪽도 마찬가지이므로 ㉮에서 출발하여 ㉯에 도착하는 것은 최단거리로 가는 것과 계산 결과가 같습니다.

따라서 ㉮에서 ㉯로 최단거리로 가면 ㉮ $\xrightarrow{\times 3}$ ㉯로 ㉯는 ㉮의 3배입니다.

[답] 3배

P.105

[풀이] 한 원에 직선을 1개, 2개, 3개, 4개 그으면 최대로 나누어지는 부분은 다음과 같습니다.

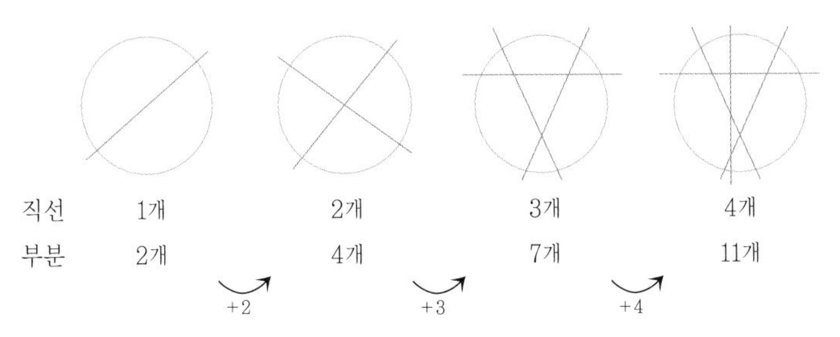

따라서 규칙에 따라 한 원에 5개의 직선을 그었을 경우 최대 11+5=16(개)의 부분으로 나눌 수 있습니다.

[답] 16개

[풀이] 5에서 출발하여 오른쪽으로 한 칸 움직이면 +4, 왼쪽으로 한 칸 움직이면 −4이므로 오른쪽으로 □칸 움직이고 왼쪽으로 □칸 움직이면 계산 결과가 같게 됩니다. 이것은 위, 아래쪽도 마찬가지이므로 5에서 출발하여 ㉮로 최단거리를 움직인 것과 계산 결과가 같습니다.
따라서 5에서 ㉮로 최단거리로 가면

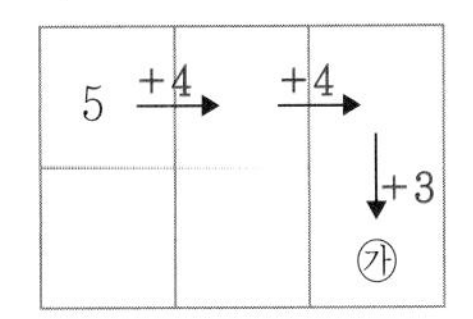

으로 ㉮는 5+4+4+3=16입니다.

[답] 16

Thinking 팩토

P.106

[풀이] 나열된 수를 4개씩 묶어 보면 합이 모두 10입니다.
(1, 2, 3, 4), (2, 3, 4, 1), (3, 4, 1, 2), (4, 1, 2, 3), ⋯
100째 번까지는 100÷4=25(묶음)이므로 100째 번까지의 모든 수의 합은
25×10=250입니다

[답] 250

[풀이] 규칙에 따라 3칸씩 건너뛰면 1, 4, 2, 5, 3이 반복됩니다.
71÷5=14⋯1이므로 71째 번 수는 1, 4, 2, 5, 3이 14번 반복된 후 첫째 번 수인 1입니다.

[답] 1

P.107

[풀이] 배열된 수는 1, 4, 7, 10, 13, …으로 1에서 시작하여 3씩 증가합니다. 각 행에는 1개, 3개, 5개, 7개, …의 수가 있으므로 6행까지는 $1+3+5+7+9+11=36$(개)의 수가 있습니다.
1, 4, 7, 10, 13, …의 36째 번 수는
$1+(\underbrace{3+3+3+\cdots+3}_{35개})=1+3\times35=106$입니다.

[답] 106

[풀이] 각 칸이 나타내는 수는 [8|4|2|1] 입니다. 규칙을 따라 수를 찾아보면 다음과 같습니다.

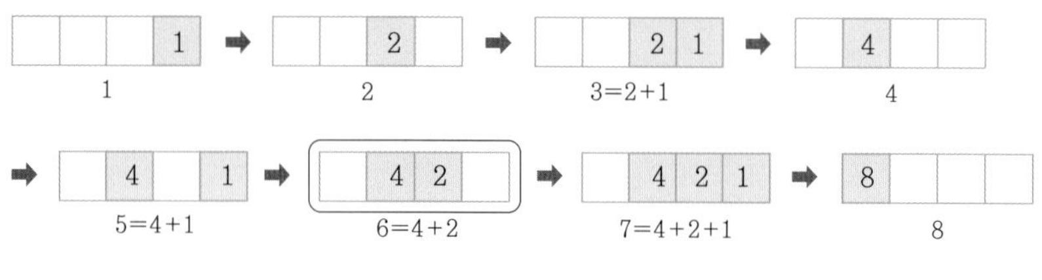

[답]

P.108

[풀이] 성냥개비가 늘어나는 개수의 규칙을 찾아보면

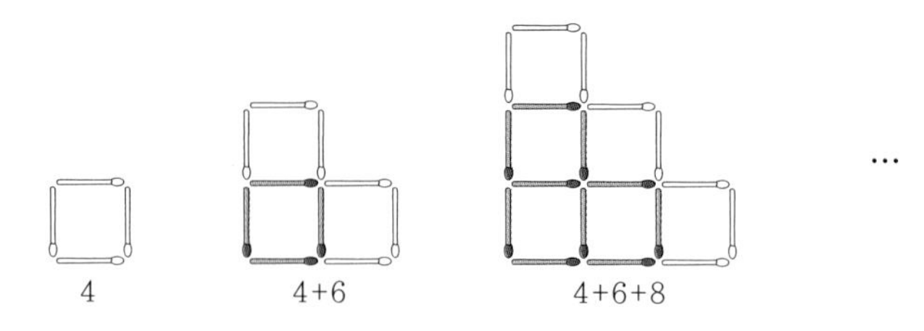

으로 늘어나는 개수가 2개씩 증가합니다.
규칙에 따라 일곱째 번에 필요한 성냥개비의 수는 4 10 18 28 40 54 70 입니다.
(+6, +8, +10, +12, +14, +16)

[답] 70개

[풀이] 칠해진 사각형은 시계 방향으로 1칸, 2칸, 3칸, 4칸, …씩 회전합니다. 50째 번까지는 49번 회전해야 하므로 총 회전한 칸 수는
$1+2+3+4+\cdots+49$(칸)
입니다.
이를 가우스의 방법으로 계산하면
$(1+49)+(2+48)+(3+47)+\cdots+(24+26)+25=50\times24+25=1225$
입니다.
둘레에 8개의 사각형이 있고 $1225\div8=153\cdots1$이므로 1칸 회전한 것과 같은 모양입니다.

[답]

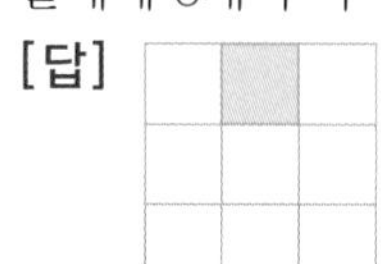

P.109

[풀이] 크기가 같은 4개의 원을 교점이 가장 많도록 그리면 다음과 같습니다.

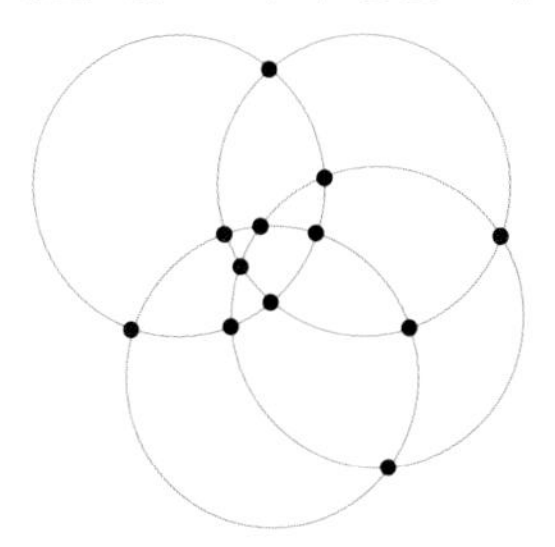

따라서 교점은 12개가 됩니다.

[답] 12개

[풀이] 서로 반대 방향으로 1번씩 움직이면 계산 결과가 같습니다. 따라서, 서로 반대 방향으로 이동한 것을 지우고 남는 방향으로만 계산하면 됩니다.

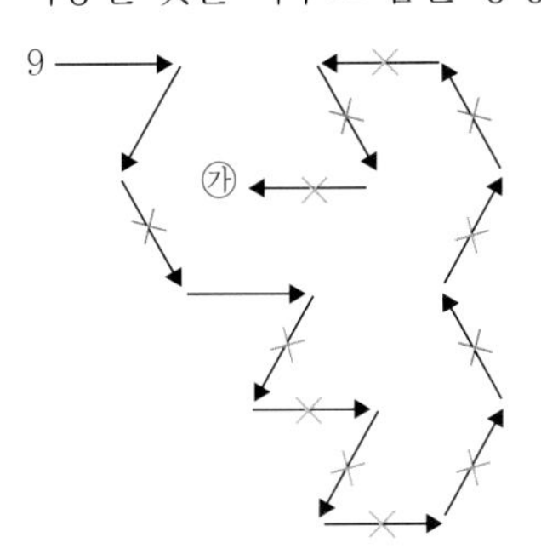

따라서 남는 화살표를 모으면

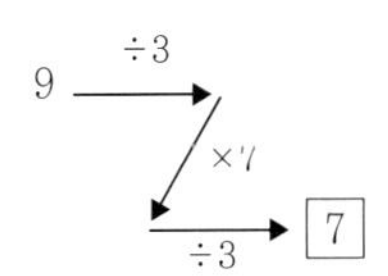

입니다.

[답] 7

V 도형의 측정

1. 평행선과 각의 크기 P.112

Free FACTO

[풀이]

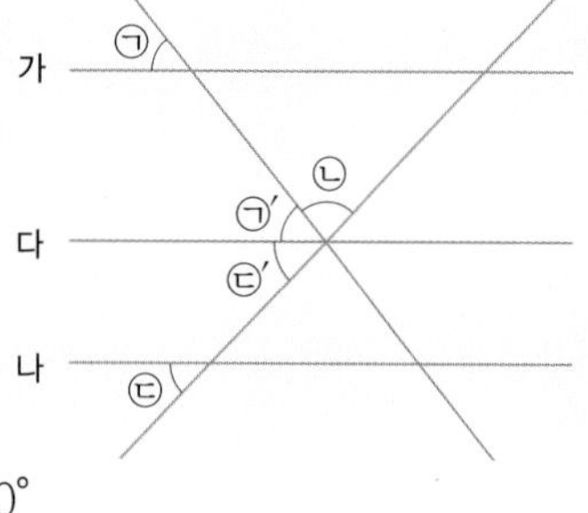

직선 가, 나와 평행하고, 각 ㉡의 꼭짓점을 지나는 직선 다를 그었을 때 생기는 각 ㉠의 동위각을 ㉠′, 각 ㉢의 동위각을 ㉢′라 하면, 이 세 각의 합은 직선으로 각 (㉠′+㉡+㉢′)=180°가 됩니다.
따라서 각 (㉠+㉡+㉢)=180°

[답] 180°

[별해]

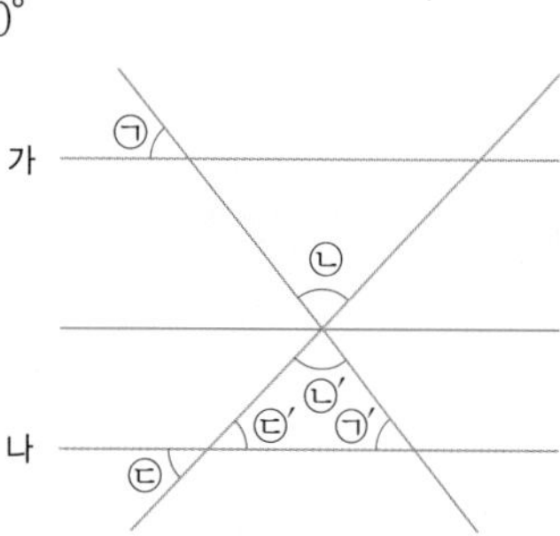

각 ㉠의 동위각을 각 ㉠′라 하고, 각 ㉡과 각 ㉢의 맞꼭지각을 찾아 각 ㉡′, 각 ㉢′라 하면 각 ㉠′+㉡′+㉢′는 삼각형의 세 각의 합으로 180°가 됩니다.
따라서 각 (㉠+㉡+㉢)=180° 입니다.

예제 01

[풀이]

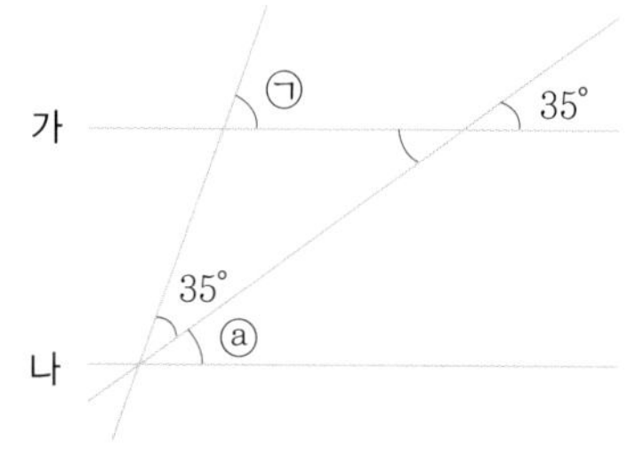

그림과 같이 가와 나는 평행하므로 35°의 동위각 ⓐ=35°가 됩니다.
또, 각 ㉠의 동위각이 각 (35°+ⓐ)이므로
각 ㉠=35°+35°=70° 입니다.

[답] 70°

[풀이]

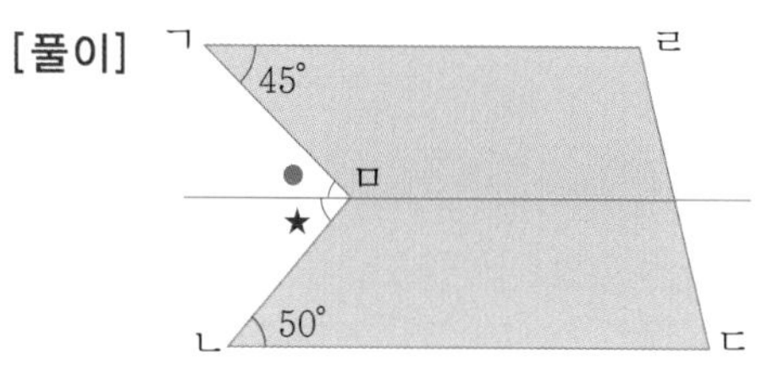

점 ㅁ을 지나고 선분 ㄱㄹ에 평행한 직선을 그었을 때, 각 ㄱㅁㄴ=각 ★+각 ●입니다. 이때 각 ●은 45°의 엇각, 각 ★는 50°의 엇각이므로 각 ㄱㅁㄴ의 크기는 ●+★=45°+50°=95° 입니다.

[답] 95°

2. 다각형의 내각의 합 P.114

Free FACTO

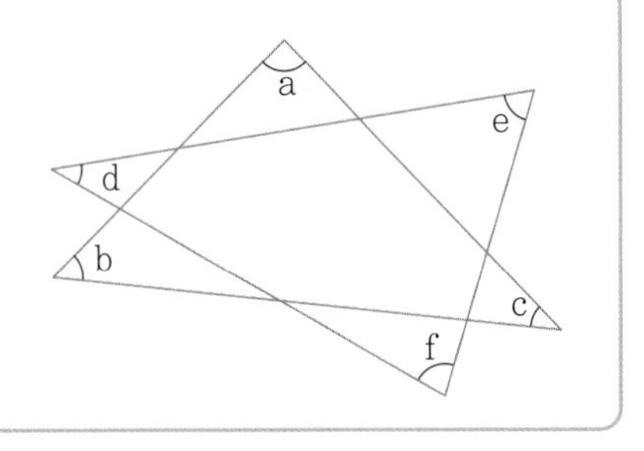

[풀이] 각 (a+b+c)와 각 (d+e+f)는 각각 삼각형의 내각의 합이므로 180° 입니다.
따라서 그림에서 표시된 각의 합은 (a+b+c)+(d+e+f)이므로 180°+180°=360° 입니다.

[답] 360°

[풀이]

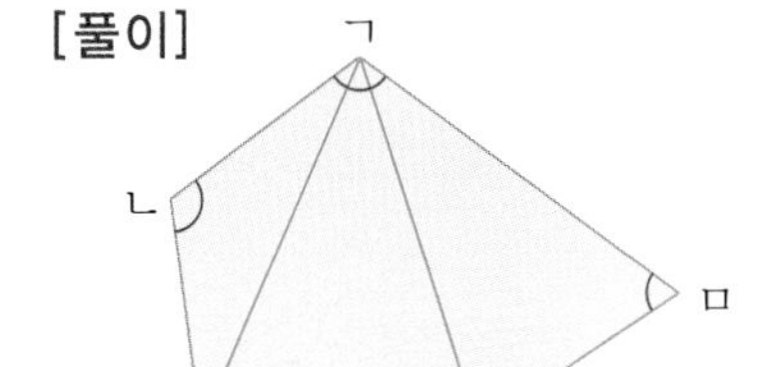

꼭짓점 ㄱ에서 두 개의 대각선을 그으면
(오각형의 내각의 합)=(삼각형의 내각의 합)×3이 됩니다.
따라서 오각형 ㄱㄴㄷㄹㅁ의 내각의 합은 180°×3=540° 입니다.

[답] 540°

[풀이]

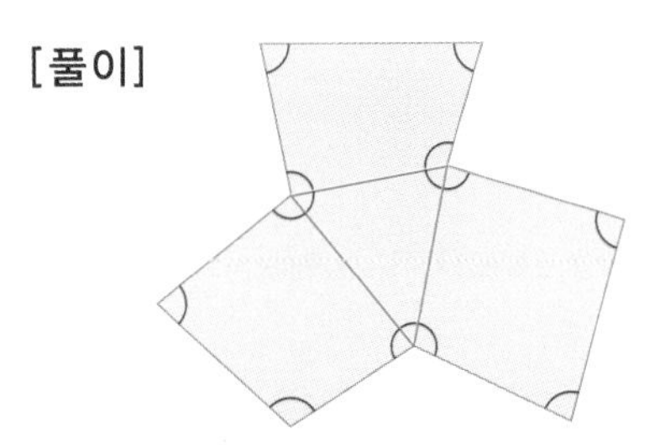

도형에 그림과 같이 보조선을 그으면 표시된 각의 크기의 합은 (사각형의 내각의 합)×3+(삼각형의 내각의 합)이 되어 360°×3+180°=1260° 입니다.

[답] 1260°

3. 정다각형의 한 각의 크기 P.116

Free FACTO

[풀이]

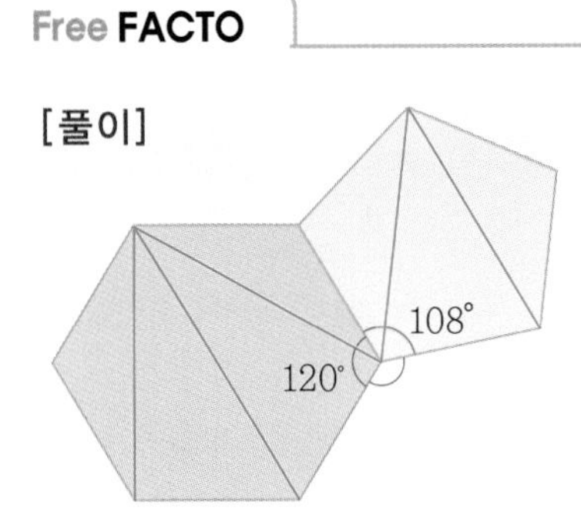

(표시된 각의 크기)
=360°−{(정오각형의 한 각의 크기)+
(정육각형의 한 각의 크기)}
정오각형의 한 각의 크기는 (180°×3)÷5=108° 이고,
정육각형의 한 각의 크기는 (180°×4)÷6=120° 이므로
표시된 각의 크기는 360°−(108°+120°)=132° 입니다.

[답] 132°

[풀이]

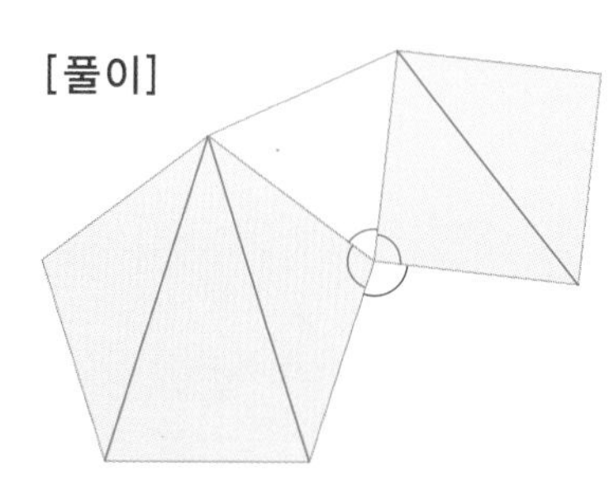

(표시된 각의 크기)=360° −{(정오각형의 한 각의 크기)+(정삼각형의 한 각의 크기)+(정사각형의 한 각의 크기)}
정오각형의 한 각의 크기는 (180° ×3)÷5=108° 이고,
정삼각형, 정사각형의 한 각의 크기는 각각 180° ÷3=60°, 360° ÷4=90° 이므로 표시된 각의 크기는
360° −(108° +60° +90°)=102° 입니다.

[답] 102°

[풀이] (정삼각형의 표시된 각의 합)=(180° ×3)−(삼각형의 내각의 합)
=540° −180° =360°
(정사각형의 표시된 각의 합)=(180° ×4)−(사각형의 내각의 합)
=720° −360° =360°
(정오각형의 표시된 각의 합)=(180° ×5)−(오각형의 내각의 합)
=900° −540° =360°
따라서 정다각형의 외각의 합은 모두 360° 로 일정하다는 것을 알 수 있습니다.
[별해] 정삼각형의 표시된 각의 합은
{180° −(정삼각형의 한 각의 크기)}×3=360°
정사각형의 표시된 각의 합은
{180° −(정사각형의 한 각의 크기)}×4=(180° −90°)×4=360°
정오각형의 표시된 각의 합은
{180° −(정오각형의 한 각의 크기)}×5=(180° −108°)×5=360°

Creative 팩토 P.118

[풀이]

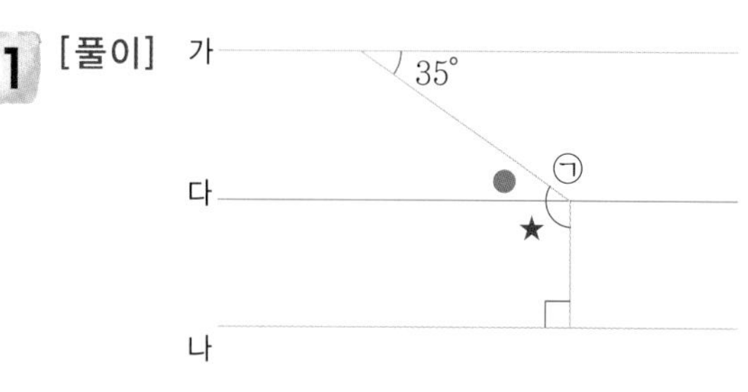

직선 가, 나와 평행하고 각 ㉠의 꼭짓점을 지나는 직선을 그었을 때, 각 ●는 35° 의 엇각, 각 ★은 90° 의 엇각이므로 각 ㉠=각(●+★)=35° +90° =125° 입니다.

[답] 125°

2 [풀이]

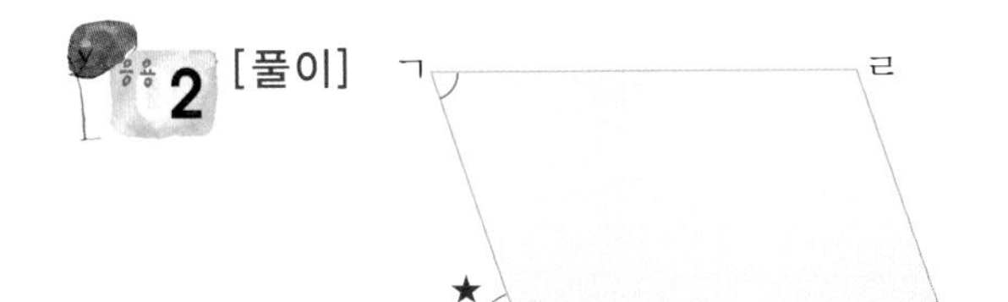

선분 ㄱㄹ과 선분 ㄴㄷ이 서로 평행하므로
각 ㄹㄱㄴ은 각 ★과 서로 엇각으로 크기가 같고,
선분 ㄱㄴ과 선분 ㄷㄹ이 서로 평행하므로
각 ㄴㄷㄹ은 각 ★과 서로 동위각으로 크기가 같습니다.
따라서 각 ㄹㄱㄴ=각 ㄴㄷㄹ=각 ★이 되어
각 ㄹㄱㄴ과 각 ㄴㄷㄹ의 크기가 같습니다.

P.119

3 [풀이] (표시된 각의 크기)$=180^\circ-$(정칠각형의 한 내각의 크기)
정칠각형의 한 내각의 크기는 $(180^\circ\times5)\div7=\left(\frac{900}{7}\right)^\circ$ 이므로
표시된 각의 크기는 $180^\circ-\left(\frac{900}{7}\right)^\circ=\left(\frac{1260}{7}\right)^\circ-\left(\frac{900}{7}\right)^\circ=\left(\frac{360}{7}\right)^\circ$
입니다.

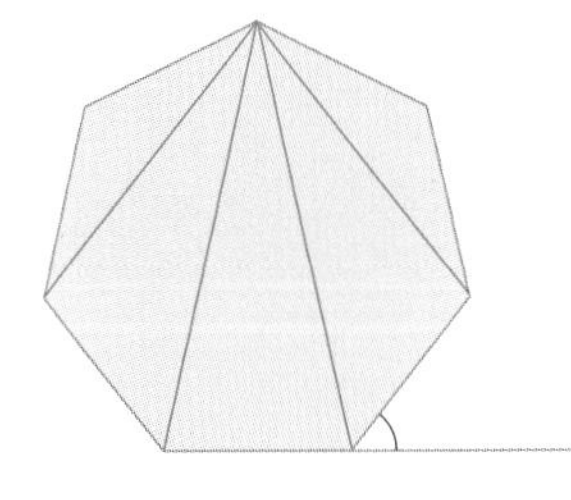

[답] $\left(\frac{360}{7}\right)^\circ$

[별해] 모든 다각형의 외각의 합은 360° 이므로
정칠각형의 한 외각의 크기는 $360^\circ\div7=\frac{360^\circ}{7}$ 입니다.

4 [풀이]

그림에서 각 ★은 30° 의 엇각이므로 30° 이고,
각 ●는 삼각형의 한 내각으로 $180^\circ-(50^\circ+$ ★$)$이므로 $180^\circ-(50^\circ+30^\circ)=100^\circ$ 입니다.
또, 각 ㉠$=180^\circ-($각 ●$)=180^\circ-100^\circ=80^\circ$
입니다.

[답] 80°

P.120

5 [풀이] (전체 육각형의 내각의 합)=(정삼각형의 내각의 합)$\times2+$(정사각형의 내각의 합)이므로
표시된 각의 합은 $180^\circ\times2+360^\circ=720^\circ$ 입니다.
[답] 720°

6 [풀이]

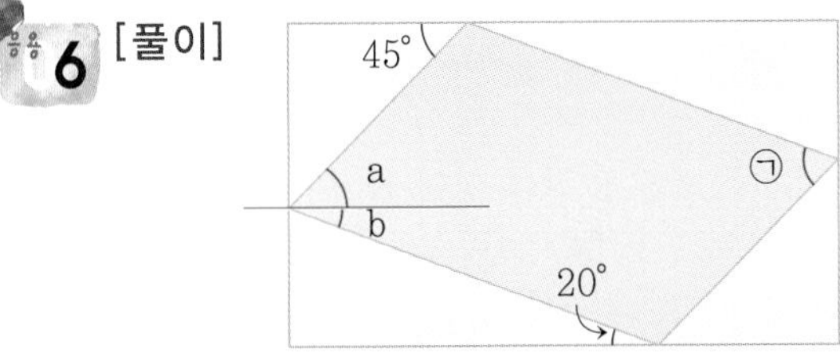

그림과 같이 평행사변형의 한 꼭짓점을 지나고, 직사각형의 변과 평행한 보조선을 그어 평행한 두 직선에서 엇각의 크기가 같음을 이용하면 각 a는 45°, 각 b는 20° 입니다. 따라서 각a+각b$=65^\circ$ 입니다. 평행사변형에서 마주 보는 두 각의 크기는 같으므로 표시된 각 ㉠의 크기는 65° 입니다.

[답] 65°

P.121

[풀이] (1)

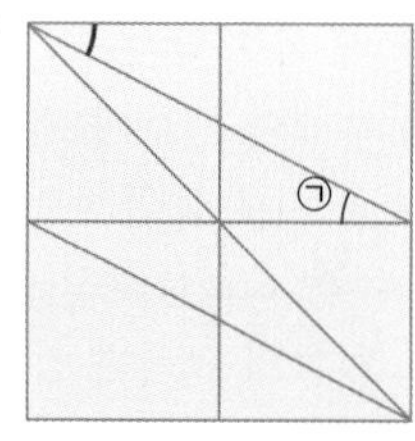

(2)

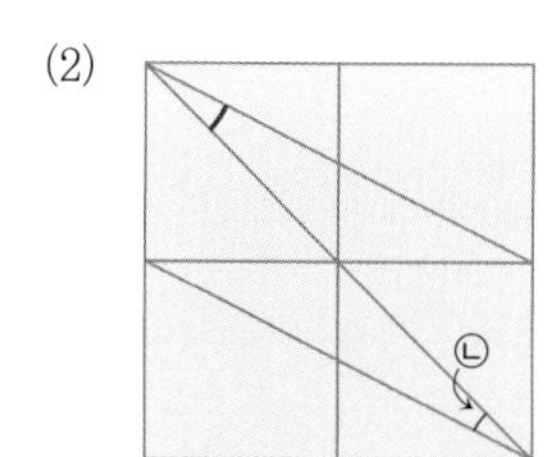

(3) 각 ㉠과 각 ㉡의 합은 직각이등변삼각형의 직각이 아닌 한 각이므로 45° 입니다.

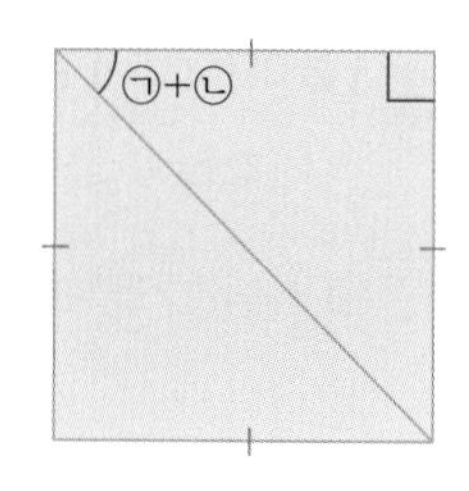

[답] (1) 풀이 참조 (2) 풀이 참조 (3) 45°

4. 테셀레이션

P.122

Free FACTO

[풀이]

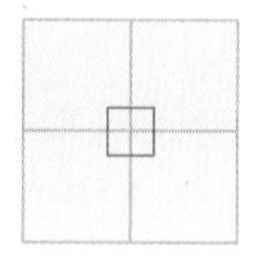

정사각형의 한 각의 크기는 90° 이므로 4조각을 이어 붙이면 90° ×4=360° 가 되어 바닥을 빈틈없이 깔 수 있습니다.

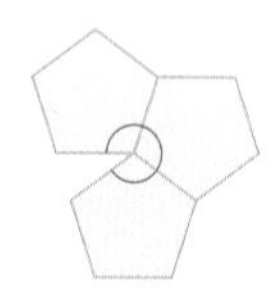

정오각형의 한 각의 크기는 108° 이므로 3조각을 이어 붙이면 108° ×3=324° 가 되고, 4조각을 이어붙이면 108° ×4=432° 가 되어 바닥을 빈틈없이 깔 수 없습니다.

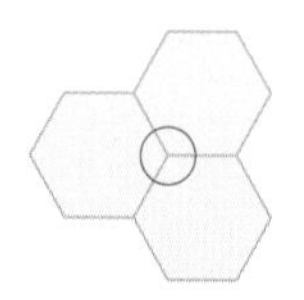

정육각형의 한 각의 크기는 120° 이므로 3조각을 이어 붙이면 120° ×3=360° 가 되어 바닥을 빈틈없이 깔 수 있습니다.

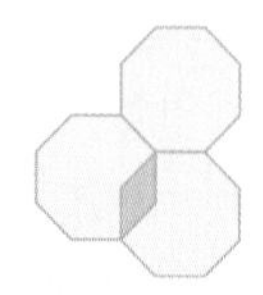

정팔각형의 한 각의 크기는 135° 이므로 3조각을 이어 붙이면 135° ×3=405° 가 되어 360° 가 넘으므로 바닥을 빈틈없이 깔 수 없습니다.

[답] 정사각형, 정육각형

[풀이]

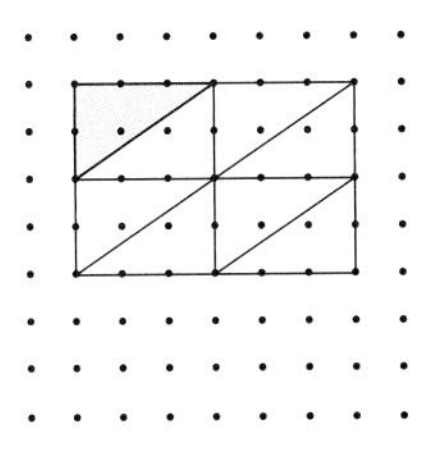

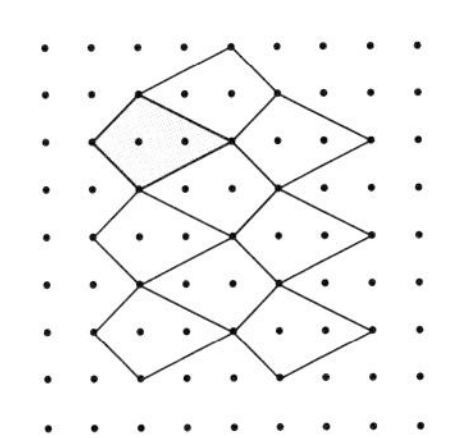

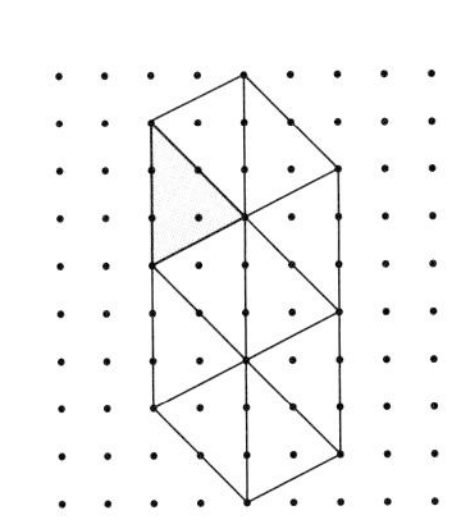

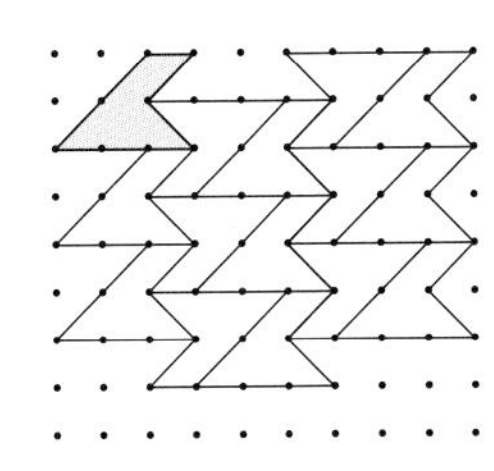

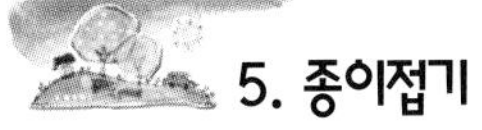

5. 종이접기 P.124

Free FACTO

[풀이] 길이가 같은 변과 직각인 각을 표시합니다.
(표시된 각의 크기)$=360^\circ-(90^\circ\times2)+$각 ㉠
각 ㉠은 정삼각형의 한 각이므로 60°입니다.
따라서 표시된 각의 크기는
$360^\circ-\{(90^\circ\times2)+60^\circ\}=360^\circ-240^\circ=120^\circ$입니다.

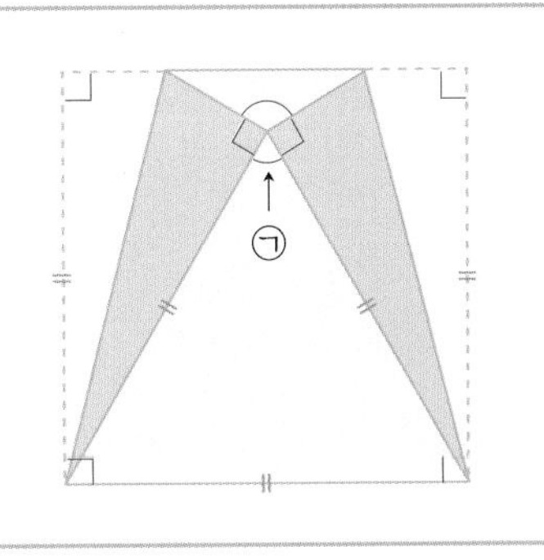

[답] 120°

[풀이]

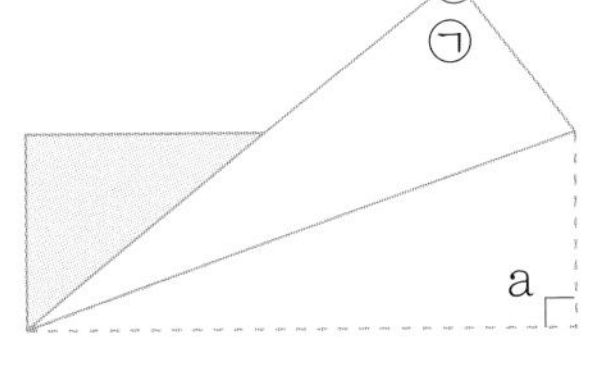

접었던 종이 테이프를 펼치면 각 ㉠은 직각인 각 a와 겹쳐지므로 각 ㉠은 90°입니다.

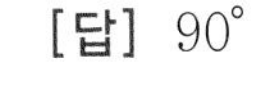

[답] 90°

[풀이]

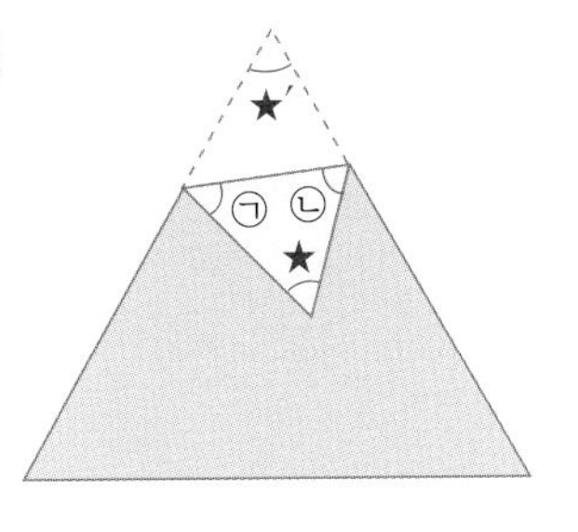

㉠+㉡$=180^\circ-$★에서 접었던 색종이를 펼치면 각 ★은 정삼각형의 한 각인 ★′$=60^\circ$와 겹쳐집니다.
따라서 ㉠+㉡$=180^\circ-60^\circ=120^\circ$입니다.

[답] 120°

6. 시계와 각 P.126

Free FACTO

[풀이] 시침과 분침이 정확하게 2와 5를 가리킨다면, 각 ㉠$=30^\circ\times3=90^\circ$ 입니다.
각 ㉡은 시침이 10분 동안 움직인 각의 크기인데 시침은 60분(=1시간)에 30° 움직이므로 10분 동안 $30^\circ\div6=5^\circ$ 만큼 움직입니다. 따라서 시침과 분침이 이루는 작은 각의 크기는 각 ㉠+각 ㉡$=90^\circ+5^\circ=95^\circ$ 입니다.
[답] 95°

[풀이] (9시 15분의 시침과 분침이 이루는 작은 각의 크기)
$=180^\circ-$(15분 동안 시침이 움직인 각도)
시침은 60분(=1시간)에 30° 움직이므로 15분 동안 $30^\circ\div4=7.5^\circ$ 움직입니다.
따라서 시침과 분침이 이루는 작은 각의 크기는 $180^\circ-7.5^\circ=172.5^\circ$ 입니다.
[답] 172.5°

[풀이]

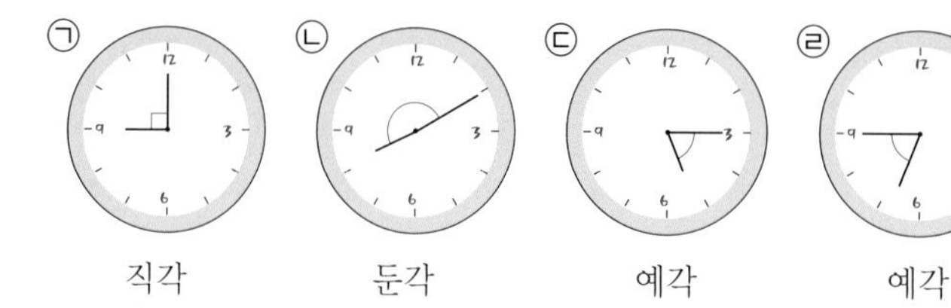

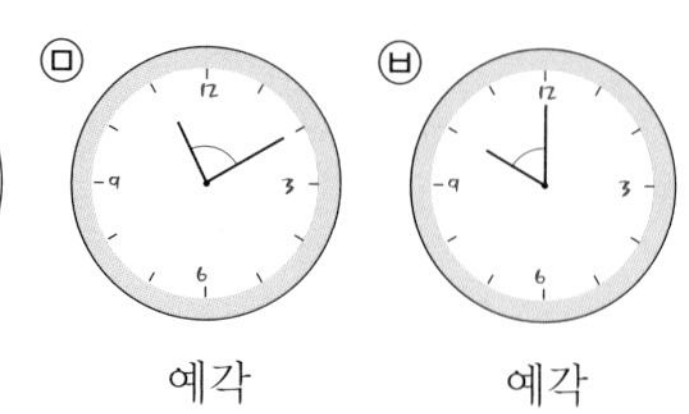

직각 둔각 예각 예각 예각 예각

[답] ㉢, ㉣, ㉤, ㉥

Creative 팩토 P.128

[풀이] 접은 색종이를 펼치면 각 ㉠은 40°와 각 ㉡은 90°와 겹쳐지므로
□$=180^\circ-$(㉠+㉡)$=180^\circ-(40^\circ+90^\circ)=50^\circ$

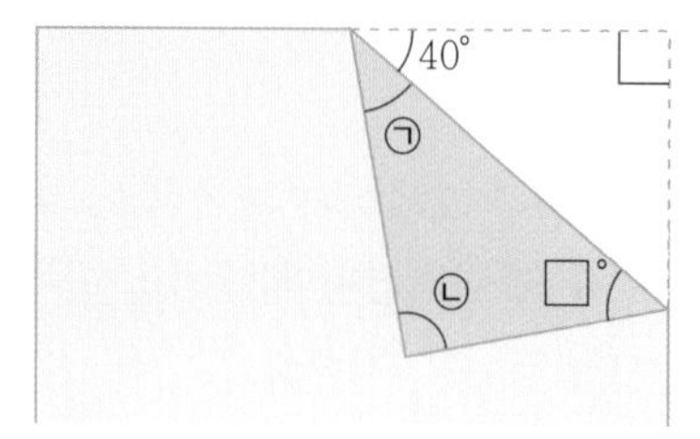

[답] 50

2 [풀이] ㉠=㉠′ 이고, (㉠+㉠′)는 40° 의 엇각이므로 ㉠′ =20° 입니다.
㉡=㉡′ 이고, ㉡′ =180° −50° =130° 이므로 ㉡=130° 입니다.

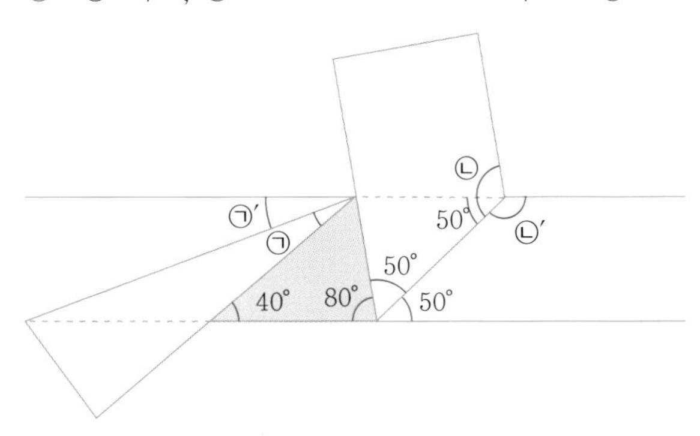

[답] ㉠=20°, ㉡=130°

P.129

3 [풀이]

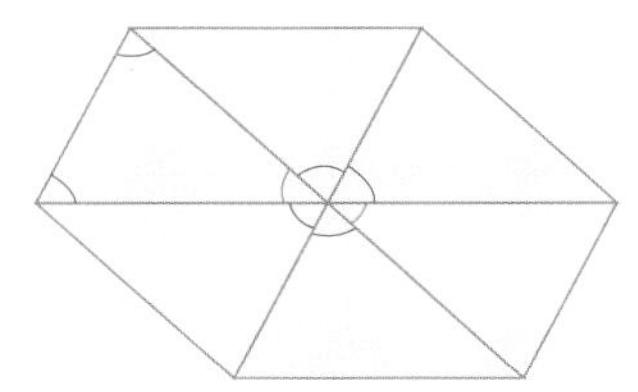

삼각형의 세 각을 각각 두 번씩 이어 붙이면 180° × 2=360° 가 되므로 바닥을 빈틈없이 깔 수 있습니다.

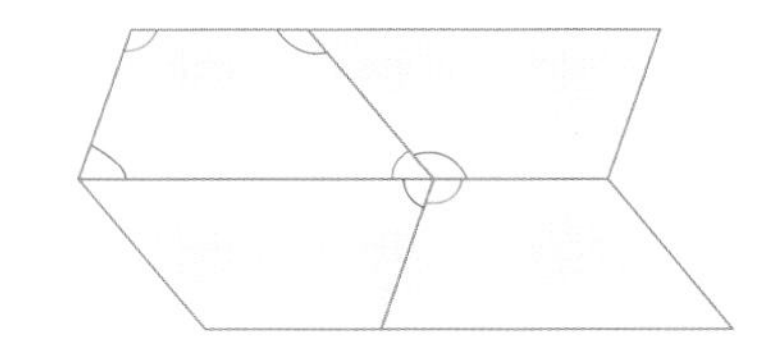

사각형의 네 각을 각각 두 번씩 이어 붙이면 360° 가 되므로 바닥을 빈틈없이 깔 수 있습니다.

따라서 모든 삼각형과 사각형은 바닥을 빈틈없이 깔 수 있습니다.
[답] ㉡, ㉢, ㉣

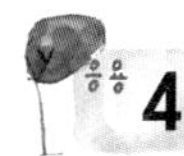
4 [풀이] 오전 7시 30분부터 오후 1시 10분까지는 5시간 40분입니다.
시침은 1시간에 30° 움직이므로 5시간 동안 30° ×5=150° 움직였고, 시침은 60분(1시간)에 30° 움직이므로 40분 동안 30° ÷6×4=20° 움직였습니다.
따라서 시침은 150° +20° =170° 움직였습니다.
[답] 170°

P.130

5 [풀이]

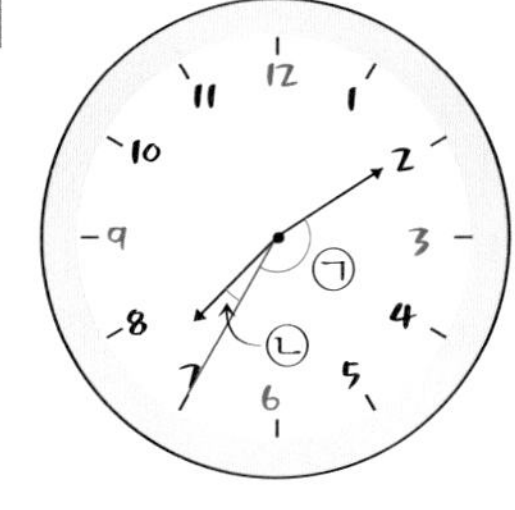

큰 눈금 한 칸의 크기는 360° ÷12=30° 이므로
㉠=30° ×5=150° 입니다.
㉡은 시침이 10분 동안 움직인 각의 크기이므로 30° ÷6=5° 입니다.
따라서 시침과 분침이 이루는 작은 각의 크기는
㉠+㉡=150° +5° =155° 입니다.

[답] 155°

[풀이]

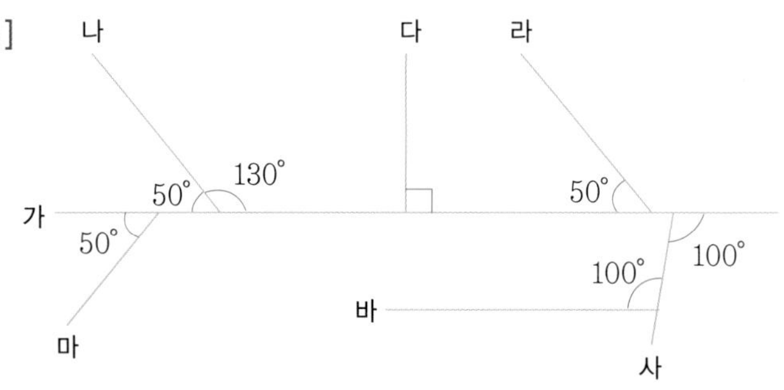

직선 나와 직선 라는 동위각의 크기가 같으므로 서로 평행합니다. (50°)
직선 가와 직선 바는 엇각의 크기가 같으므로 서로 평행합니다. (100°)
[답] 직선 나와 라, 직선 가와 바

P.131

[풀이] (1) 시침은 60분(=1시간)에 30° 움직이므로 10° 움직이는 데 걸리는 시간은 20분입니다.
(2) 분침이 20분을 가리키므로 분침이 가리키는 곳의 숫자는 4입니다.

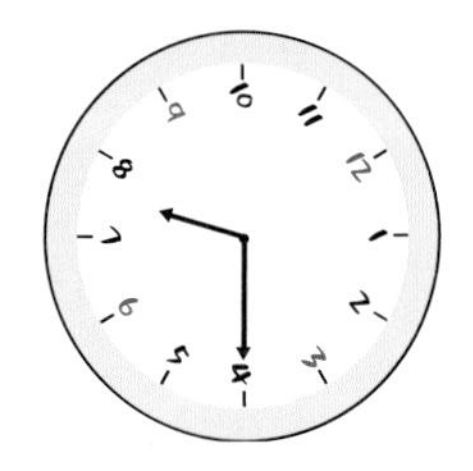

따라서 그때의 시각은 7시 20분입니다.
(3) $\square=30°-10°=20°$
시침은 60분(=1시간)에 30° 움직이므로 20° 움직이는 데 걸리는 시간은 40분입니다. 분침이 40분을 가리키므로 분침이 가리키는 곳의 숫자는 8입니다.

따라서 그때의 시각은 4시 40분입니다.
[답] (1) 20분 (2) 4, 7시 20분 (3) 20, 40분, 4시 40분

Thinking 팩토

P.132

[풀이]

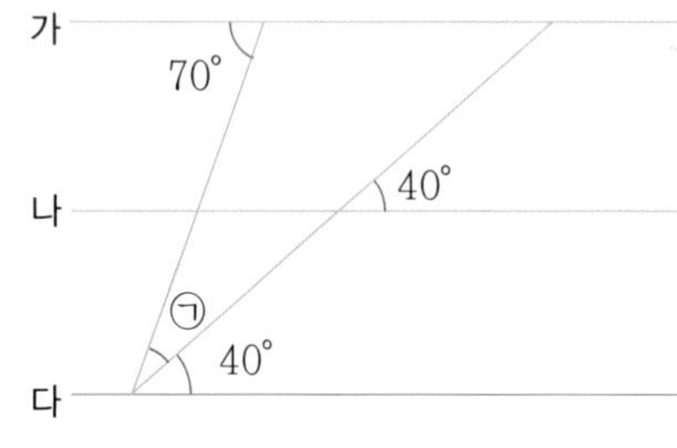

각 ㉠의 꼭짓점에서 직선 가, 나와 평행한 선을 그었을 때, 40°인 각의 동위각이 생기고, 70°인 각의 엇각이 ㉠+40°가 되어 ㉠=70°−40°=30°입니다.

[답] 30°

[풀이] 육각형의 내각의 합은 나누어진 삼각형 4개의 내각의 합과 같습니다.
따라서 육각형의 내각의 합은 180° ×4=720° 입니다.
[답] 720°, 이유 : 풀이 참조

P.133

[풀이]

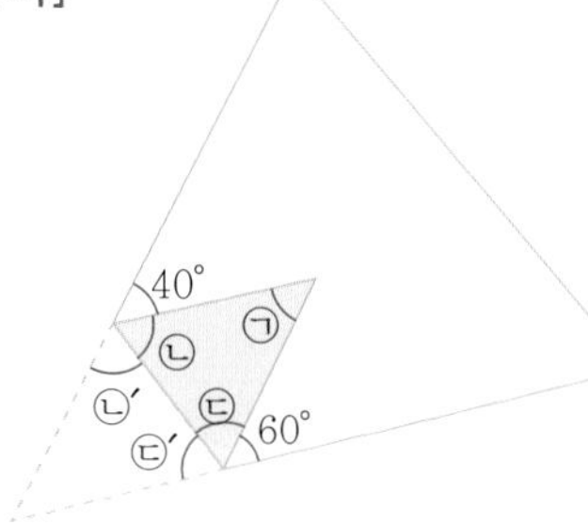

접었던 색종이를 펼치면
㉡=㉡′=(180° −40°)÷2=70°
㉢=㉢′=(180° −60°)÷2=60° 가 되고
㉠=180° −(㉡+㉢)이므로
㉠=180° −(70° +60°)=50° 입니다.

[답] 50°

[풀이] 분침은 60분에 360° 움직이므로 10분 동안 360° ÷6=60° 움직이고,
시침은 60분에 30° 움직이므로 10분 동안 30° ÷6=5° 움직입니다.
즉, 분침은 시침보다 10분에 60° −5° =55° 더 많이 움직입니다.
따라서 분침이 시침보다 110°(=55° ×2) 더 많이 움직였다면 시간은 10×2=20(분)이 지났음을 알 수 있습니다.
[답] 3시 20분

P.134

[풀이] (1)

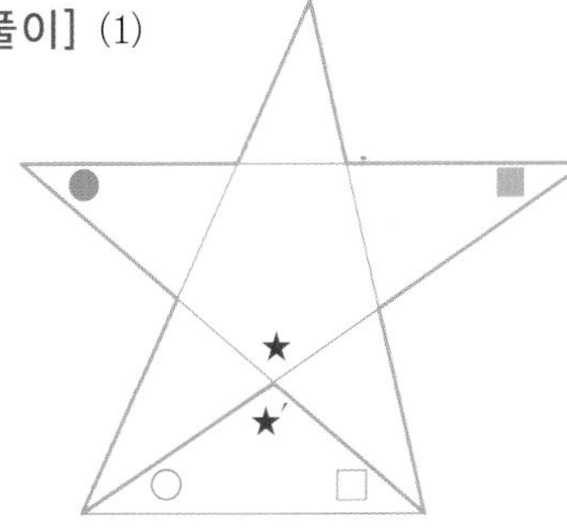

★과 ★′는 맞꼭지각으로 크기가 같고,
★=★′=180° −(●+■)=180° −(○+□)이므로
●, ■의 크기의 합과 ○, □의 크기의 합은 서로 같습니다.

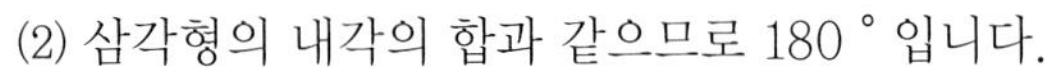
(2) 삼각형의 내각의 합과 같으므로 180° 입니다.

(3)

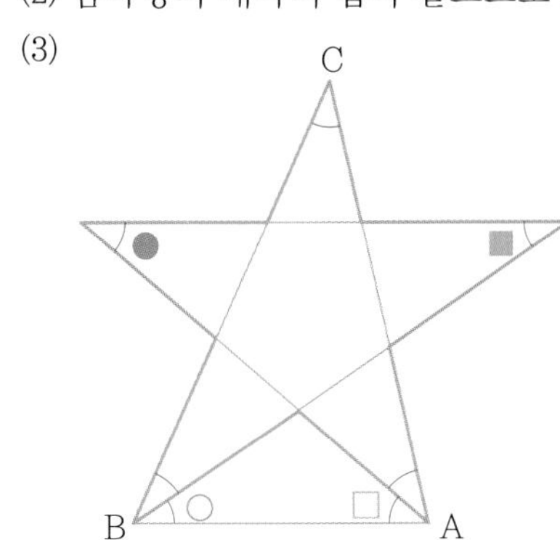

●+■=○+□ 이므로 표시된 각의 크기의 합은 삼각형 ABC의 내각의 크기의 합과 같습니다. 따라서 표시된 각의 크기의 합은 180° 입니다.

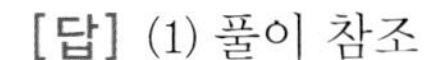

[답] (1) 풀이 참조 (2) 180° (3) 180°

P.135

[풀이] (1)

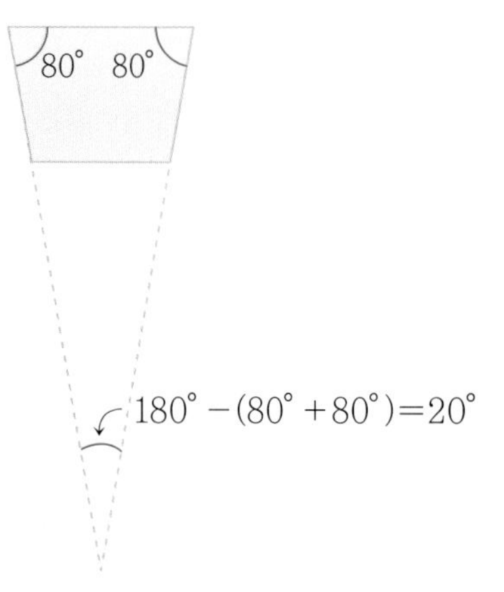

(2) 20° 인 각을 모아 360° 를 만들어야 하므로 360° ÷20=18(개)를 붙여야 합니다.

[답] (1) 20° (3) 18개

팩토는 자유롭게 자신감있게 창의적으로
생각하는 주·니·어·수·학·자입니다.

Free Active Creative Thinking O. Junior mathtian

논리적 사고력과 창의적 문제해결력을 키워 주는

매스티안 교재 활용법!

대상	창의사고력 교재		연산 교재
	팩토슐레 시리즈	팩토 시리즈	원리 연산 소마셈
4~5세	팩토슐레 Math Lv.1 (6권)		
5~6세	팩토슐레 Math Lv.2 (6권)	킨더팩토 A, 킨더팩토 B, 킨더팩토 C, 킨더팩토 D	소마셈 K시리즈 K1~K8
6~7세	팩토슐레 Math Lv.3 (6권)		
7세~초1		키즈 원리A , 탐구A / 키즈 원리B , 탐구B / 키즈 원리C , 탐구C	소마셈 P시리즈 P1~P8
초1~2		Lv.1 원리A, 탐구A / Lv.1 원리B, 탐구B / Lv.1 원리C, 탐구C	소마셈 A시리즈 A1~A8
초2~3		Lv.2 원리A, 탐구A / Lv.2 원리B, 탐구B / Lv.2 원리C, 탐구C	소마셈 B시리즈 B1~B8
초3~4		Lv.3 원리A, 탐구A / Lv.3 원리B, 탐구B / Lv.3 원리C, 탐구C	소마셈 C시리즈 C1~C8
초4~5		Lv.4 기본A, 실전A / Lv.4 기본B, 실전B	소마셈 D시리즈 D1~D6
초5~6		Lv.5 기본A, 실전A / Lv.5 기본B, 실전B	
초6~		Lv.6 기본A, 실전A / Lv.6 기본B, 실전B	